TADI 体育建筑作品集

刘景樑　张家臣　主编

图书在版编目（CIP）数据

TADI体育建筑作品集／刘景樑，张家臣主编．—天津：天津大学出版社，2017.11
ISBN 978-7-5618-6007-6

Ⅰ．①T… Ⅱ．①刘… ②张… Ⅲ．①体育建筑－建筑设计－作品集－中国－现代 Ⅳ．①TU245

中国版本图书馆CIP数据核字（2017）第306194号

策划编辑 韩振平 郭 颖
责任编辑 郭 颖
装帧设计 谷英卉

出版发行 天津大学出版社
地　　址 天津市卫津路92号天津大学内（邮编：300072）
电　　话 022-27403647
网　　址 publish.tju.edu.cn
印　　刷 北京华联印刷有限公司
经　　销 全国各地新华书店
开　　本 285mm×285mm
印　　张 14.5 插页1
字　　数 102千
版　　次 2017年11月第1版
印　　次 2017年11月第1次
定　　价 168.00元

《TADI体育建筑作品集》编委会

序一

为时代体育建筑挥毫泼墨展画卷

——写在天津市建筑设计院成立65周年之际

2017年8月27日，中华人民共和国第十三届运动会在天津隆重开幕，这是天津继承办第43届世界乒乓球锦标赛、第34届世界体操锦标赛、2008年北京奥运会分赛场的赛事和第六届东亚运动会之后，举办的又一令人瞩目的重大体育赛事，它将为天津这座城市悠久的体育发展史增绘浓墨重彩的一笔。

百年前的中国，积贫积弱，体育事业更无从说起，天津的爱国青年曾激情地发出著名的“奥运三问”，即：什么时候，我们能参加一届奥运会？什么时候，我们能夺得一枚奥运金牌？什么时候，我们能举办一届奥运会？奥林匹克的种子从此在中华大地萌芽生长并茁壮发展起来。天津与奥林匹克有着近百年的历史渊源，这悠久的历史积淀为天津留下了丰富的体育文化遗产，无论是深厚的人文历史，又或是经典的体育建筑，无不展现着这座城市体育文化的血脉传承。

1952年，天津市建筑设计院诞生于津沽大地，当年60余名建院创业人怀着振兴民族建筑业的雄心壮志，肩负起天津城市建设的历史重任。65年的发展历程，伴随着中华人民共和国建设事业的发展，天津院砥砺前行、披荆斩棘、不断壮大，一代又一代的建院人励精图治、同心同德，为祖国大地的建设事业执着无私的奉献。

60多年以来，建院人在历史发展的各个年代都创作出了具有时代性的体育建筑作品，从20世纪50年代厚重古朴的天津市人民体育馆，到承载2008年北京奥运会的天津奥林匹克体育中心；从专业的体育训练竞技规模化的体育场所，到大中专院校的校园体育场馆；从多元的专业性、综合的竞技性，到广泛的参与性、丰富的人文性，一代代建院人在工程实践中把创新的设计理念和先进的技术元素与日益增多的体育竞技功能紧紧相扣、密切契合，完美演绎了不同历史时期、不同经济条件下的建筑作品，以物质载体的形象折射出体育活动的文化内涵和社会文化的诉求，展示了几代建院人的执着追求，为天津乃至我国的城市建设和体育事业发展留下了深深的不可磨灭的创作足迹和记忆。

如今在全运会召开之际，恰逢我院建院 65 周年，我们汇总出版《TADI 体育建筑作品集》，不仅是对天津市建筑设计院 65 年体育建筑设计之路的回顾总结，也是为挖掘天津体育文化、传播“全运惠民”宗旨献上建院人的智慧和力量。

实践证明，研究体育建筑的文化内涵，关注体育事业发展的文化精神，对于提升体育建筑设计的文化品位，彰显体育建筑的文化魅力，具有积极的促进作用。这本作品集是我院 65 年以来体育建筑设计的浓缩版，是对我院建筑设计理念的最好诠释，也是对天津体育事业发展乃至城市发展的有力见证。当前，我院正在为河北工业大学新校区体育馆及游泳馆、呼和浩特市体育中心及赛罕区全民健身中心、渤龙湖体育健身中心等几项体育建筑工程做着精心设计。面对着新的技术高度的挑战，新一代建筑设计师正在以厚积薄发、革故鼎新之势努力前行。我们期待并坚信，建院人在下一个 65 年，必将继续为天津城市建设事业做出更大的贡献！

刘景樑

序二

近代体育在天津

天津是近代中国体育的重要发祥地，也是中国百年奥运梦想的发源地。鸦片战争后，西方列强入侵，天津被迫开埠通商，设立租界，自此西方文化传入天津，西方近代体育也随之登陆津门。天津作为中国北方洋务运动的中心，在洋务思潮和维新思潮的影响下，西方体育文化逐渐被人们接受，多类体育项目自津门进入中国，成为西方近代体育传入我国时间最早、项目最多、传播最广的城市之一，使近代天津呈现出独特、丰富的多元体育文化。

19 世纪 80 年代后，近代体育项目首先在天津水师学堂、天津电报学堂等新式学堂中开展，通过体操、击剑、拳击、跳远、跳高等运动锻炼学生体魄，培养健体尚武精神。进入 20 世纪后，近代体育项目逐渐取代传统体育项目，成为天津体育运动的主流，篮球、足球、网球、乒乓球、台球、地球（保龄球）、垒球、羽毛球、回力球、壁球、游泳、赛艇、田径等一批近代体育项目最先在天津兴起，董守义、张伯苓、王正廷等一代中国体育先驱励精图治、倡导奥运，促进新思想、新文化、新体育的发展。从天津启程，中国的体育事业开始走向世界。

随着近代体育项目的兴起，新型体育场所相继建成：从最早英租界的球场、赛马场、室内游泳馆，到中国第一个多功能综合性体育馆——天津中华基督教青年会东马路会所；从租界区的民园体育场、乡谊俱乐部等私人体育场所不断涌现，到中国自主设计、筹建的第一个大规模公共体育场——河北省体育场（后更名为北站体育场）落成，天津体育创造了无数“全国第一”，自此，近代体育在天津蓬勃发展。

正因如此，“体育”被赋予了新的内涵，中国民众通过体育比赛振奋了一直低沉的爱国情绪。从 1908 年《天津青年》提出“奥运三问”，到 1995 年第 43 届世界乒乓球锦标赛和 1999 年第 34 届世界体操锦标赛两大国际赛事成功举办；从 2013 年首次主办国际性综合运动会即第六届东亚运动会，到 2008 年成功在中国北京举办第 29 届奥运会，整整百年，津门体育尽管步履维艰，但奥林匹克运动的影响远远超出了体育范畴。“重在参与”“与奥运同行”等理念，使体育不再是少数人的游戏，更多的人们开始享受运动带来的快乐、健康和友谊。

“百年奥运梦”虽已实现，但中国人的体育强国梦仍在途中，将此梦想汇入中华民族伟大复兴的中国梦，是时代赋予我们的历史使命。今天，中华人民共和国第十三届运动会在天津成功举办，旧梦既圆，新梦伊始，在体育强国梦的感召下，我们将继续为天津体育事业谱写新的篇章！

近代天津体育掠影

1881 年建成的北洋水师学堂

1900 年北洋大学堂的体育军事操练

王正廷（中）代表中国参加国际会议

天津早期的室外篮球场

始建于 1914 年的天津中华基督教青年会会所已有百年历史，现位于天津市南开区东马路 94 号

民园体育场（始建于 1918 年，今和平区重庆道 83 号）

中国第一位国际奥委会委员——王正廷

中国篮球之父——董守义

1936 年以董守义（第二排左三）为教练，出征柏林第 11 届奥运会的中国篮球队合影

当年在篮坛久负盛名的南开篮球队

建于天津中华基督教青年会会所中的中国第一个室内篮球场

小站练兵

中国奥林匹克运动的倡导者——张伯苓

英租界赛马场（始建于 19 世纪末，今河西区马场道西部尽端）

来津传播奥运火种的传奇人物——李爱锐（Eric Henry Liddell）

南开五虎——以他们为主力的南开中学篮球队于 1925 年组建

天津中华基督教青年会当年参与举办全国运动会

乡谊会（始建于 1925 年，今河西区马场道市干部俱乐部）

1952 年第 15 届赫尔辛基奥运会中国足球队全体成员

1952 年第 15 届赫尔辛基奥运会中国男篮部分成员

建筑设计时间轴

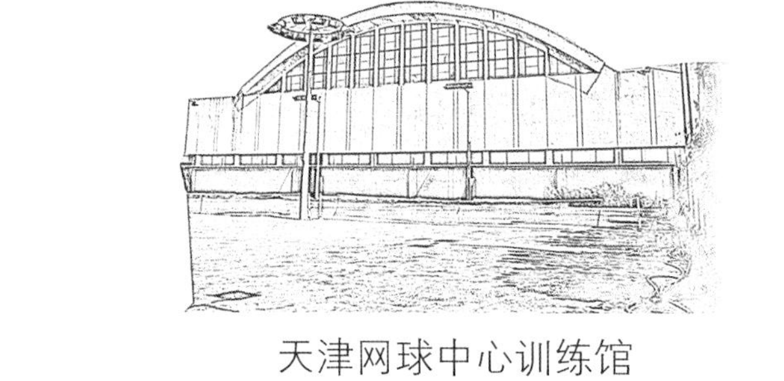

天津网球中心训练馆

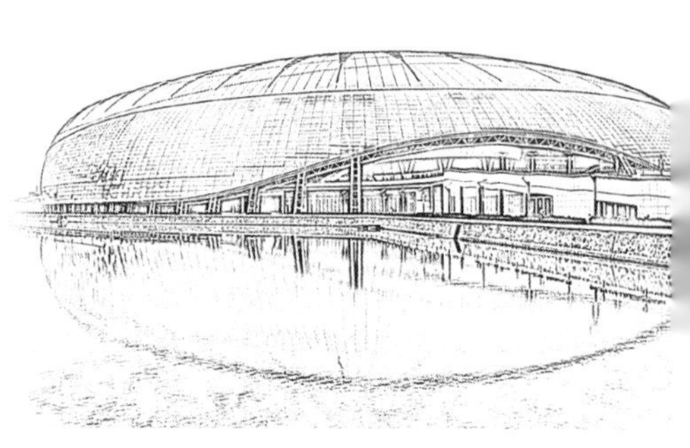

天津奥林匹克中心体育场

天津市人民体育馆

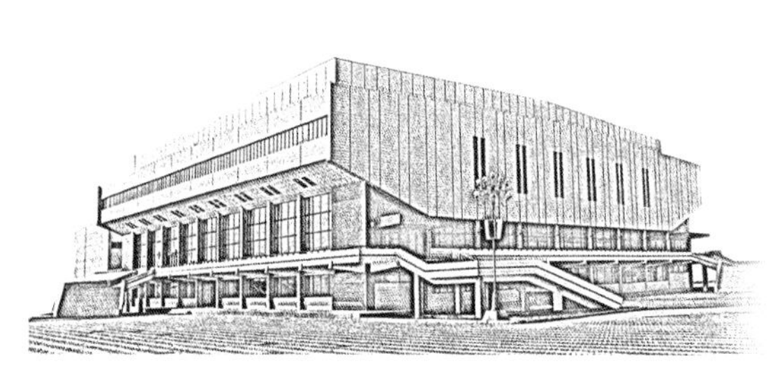

陕西咸阳体育馆

天津体育馆

1954 年　1980 年　1984 年　1986 年　1987 年　1991 年　1992 年　1999 年　200

天津市第二南开中学体育馆

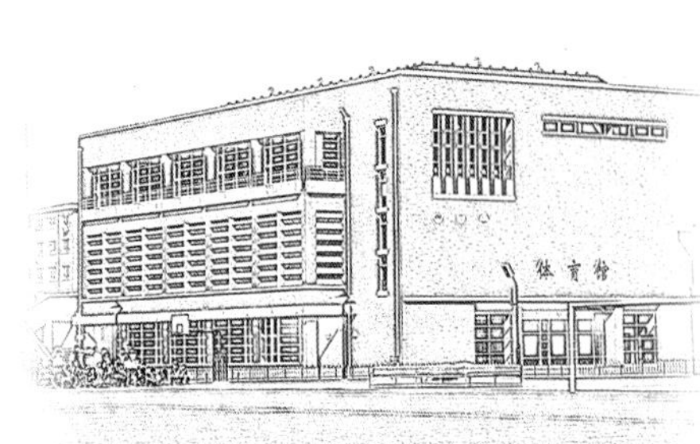

天津港文化体育活动中心

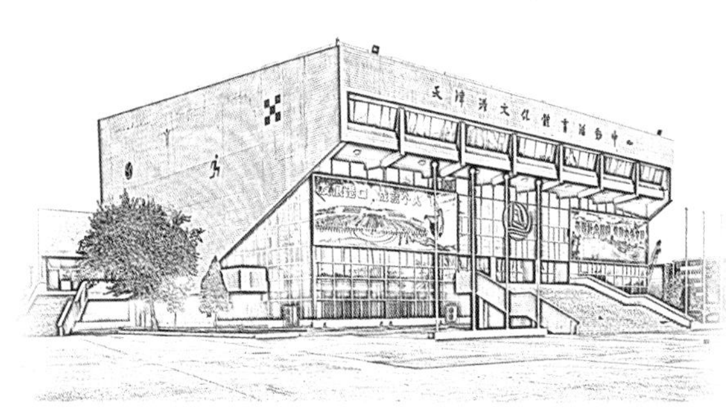

天津和平体育馆

天津游泳跳水馆

厦门嘉庚体育馆

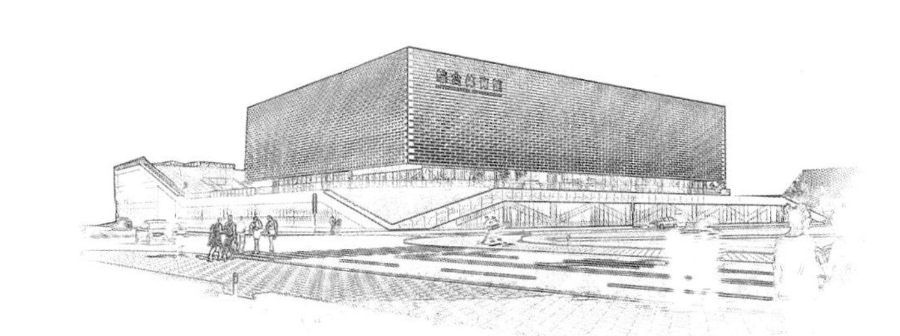

河北工业大学新校区体育馆、游泳馆

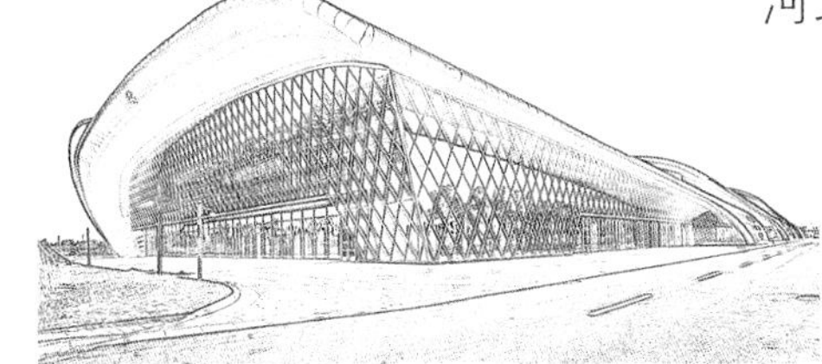

天津团泊体育中心——射击馆

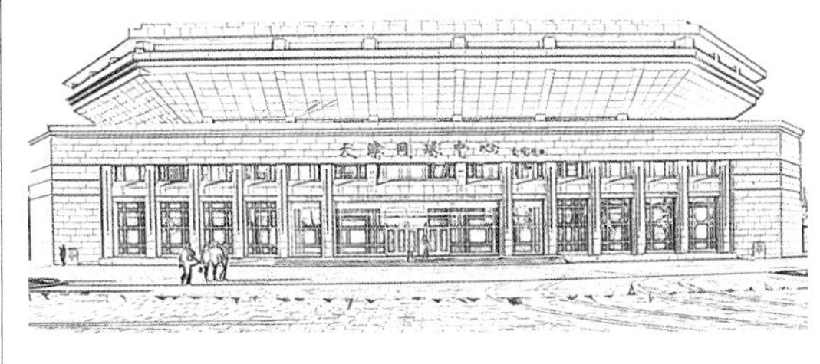

天津网球中心比赛场

2003 年　2004 年　2011 年　2012 年　2013 年　2014 年　2017 年　……

天津团泊体育中心——自行车馆

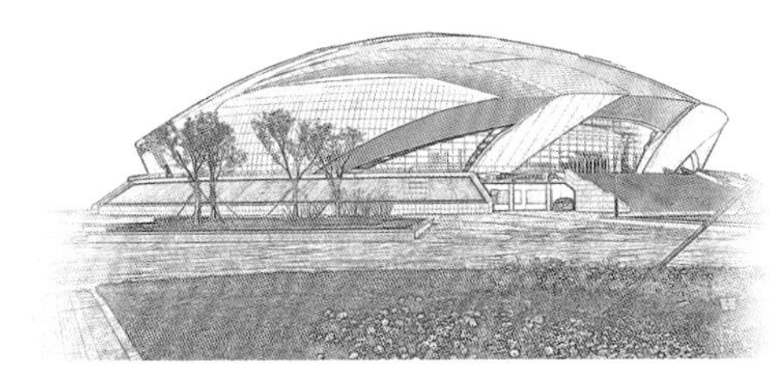

天津新华中学体育中心

呼和浩特市体育中心

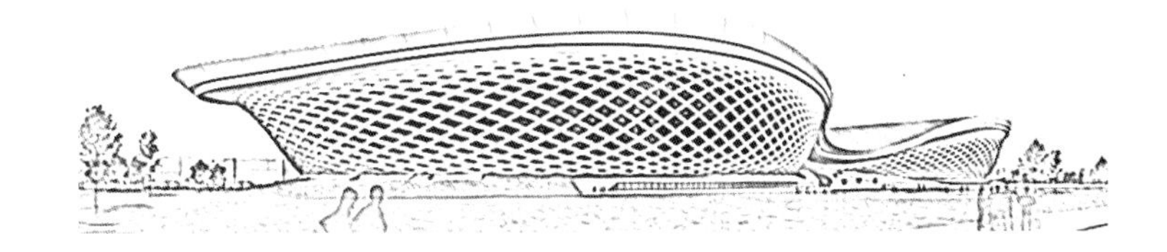

目录

历史回顾

当代创作

创新未来

校园体育场馆

TADI

天津市人民體育館

361° 中国女子排球联赛（2014-

历史回顾
HISTORICAL REVIEW

我院有着 60 多年体育建筑设计实践的积累
创作设计的体育建筑技术先进、造型新颖
成为不同历史时期的经典之作和城市地标
受到市民大众的欢迎和认可
历经岁月沧桑和时间洗礼而历久弥新
传承着城市的文化和历史记忆
建筑设计承载着人们对美好生活的向往和希望
今天回顾经典，是为了更好地了解
我国体育建筑的发展历程和趋势
传承和发扬既有经验，挖掘体育文化内涵
更好地推动我国体育事业的发展

TADI

天津市人民体育馆

建设地点：天津市和平区贵州路 33 号
设计 / 竣工时间：1954 年 / 1956 年
建筑面积：16 400 m^2
主体建筑高度：22.12 m
观众席：5 300 座

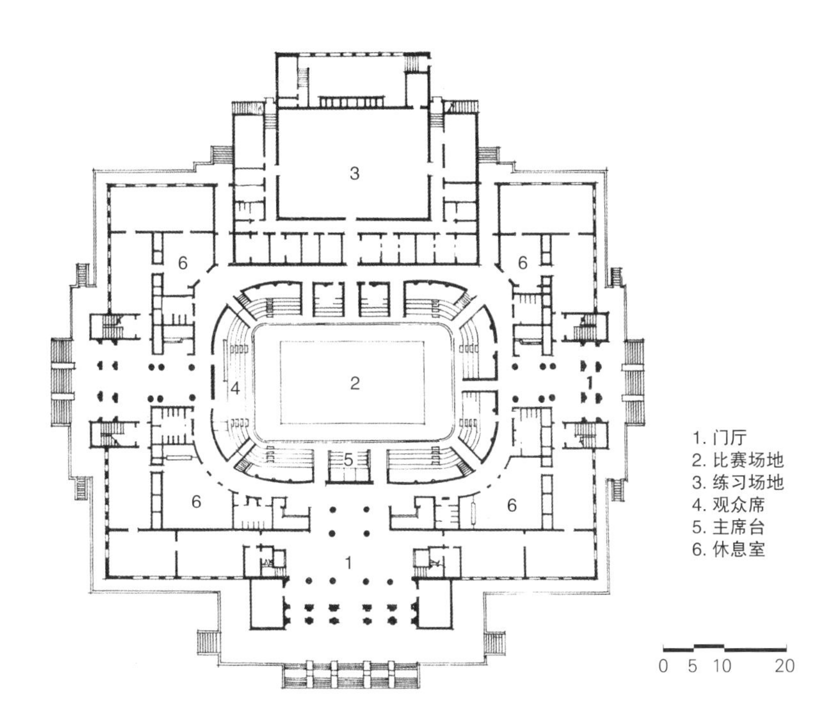

项目概况

天津市人民体育馆是中华人民共和国成立初期第一批兴建的体育设施，也是天津市第一座技术先进的现代体育馆，配套设施有 1 个练习馆和 4 个小型球类室、会议室等。体育馆为砖混结构，屋盖长 70 m，宽 52 m，结构采用拱形螺栓连接的角钢联方网架。该结构在当年具有国际先进水平，建筑形态汲取中国传统空间特点，有主次、有起伏、有层次、有韵律，并以琉璃瓦做屋檐，琉璃砖做女儿墙，具有浓郁的民族风采。

1956 年初主体工程施工基本完成时，适逢开展反复古主义，设计为此进行了修改，取消了全部琉璃瓦做法，降低了建筑标准，原四角连廊的空间并入建筑整体，形成中西合璧式的近代建筑风格。

该馆建成至今已有 60 多年，建成后承接了上百次国内外竞技比赛，为不断适应社会发展的需要，先后进行了 6 次重大改造。第一次 1956 年，该馆建成不到一年，苏联马戏团来津演出，因空间不够取消了两根承受水平力的拉杆；第二次 1964 年，市委将会议的中心会场设于此地，为满足会议声学要求，进行全面声学环境的提升改造，改造后观众厅混响时间为 1.13 秒（500 周）；第三次 1973 年，因不慎失火进行修复；第四次 1987 年，为提高观众席舒适度，将条凳式座位改为座椅，调整了排距，观众席减少到 4 000 座；第五次 2012 年，根据国际比赛要求，扩大比赛场地面积，由 865 m^2 改为 1 037 m^2，观众席进一步提高标准，排距改为 850 mm，座宽 500 mm，改建后场地、照明、计时计分设备均达到国内先进水平，并符合国际比赛要求；第六次 2017 年，为迎接第十三届全运会女排比赛，对比赛场内外做了全面的提升改造。

跨越半个多世纪，历经沧桑、不断更新提升的天津市人民体育馆，至今仍是公众最为喜爱的体育场馆之一。

渤海银行
CHINA BOHAI BANK
渤海银行
向全市人民问好
361° 中国女子排球联
361°
今晚报
今晚传媒集团
Jinwan Media Group
中视体育
CCTV
加多宝
CCTV 5+
体育赛事

361°中国女子排球联赛（2014-2015
14-2015）天津今晚报赛区
361°
CCTV5+
体育赛事
中视体育
CCTV
渤海银行
CHINA BOHAI BANK
今晚报
一报在手 应

历史回顾

天津游泳跳水馆

建设地点：天津市南开区水上北路
设计 / 竣工时间：1980 年 / 1982 年
建筑面积：8 000 m^2
主体建筑高度：24.25 m
观众席：600 座

1. 8道游泳池
2. 跳水池
3. 跳板

0 5 10 20

项目概况

天津游泳跳水馆是天津市专业训练基地，设计将游泳、跳水分成两个空间，有利于提高使用率和节省能源。游泳池为 21 m×50 m 标准池，设 8 条泳道。跳水池尺寸为 21 m×25 m，将十米跳台创新设计为两座，成为世界上第一座拥有双十米跳台的游泳跳水馆，为之后发展双人跳水做了技术铺垫，创造了条件，这项超前的思维成果建成后广受国内和国际赞誉。1996 年，天津游泳跳水馆设计探讨论文被编入《国际体育建筑论文集》。

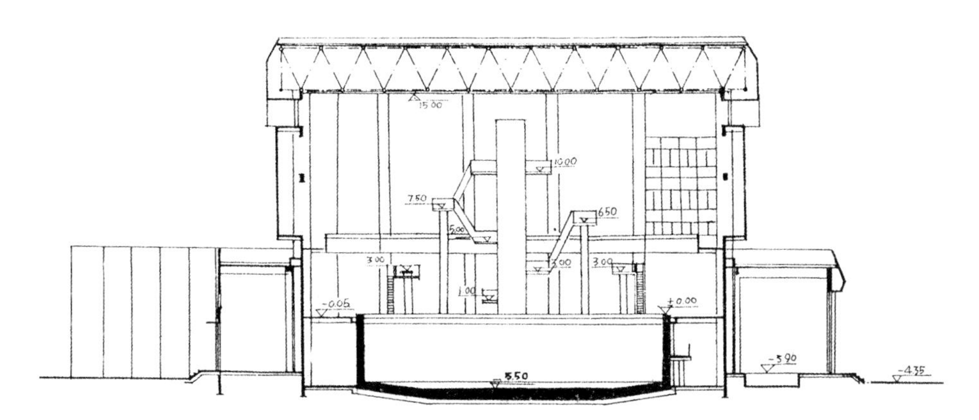

天津港文化体育活动中心

建设地点：天津市滨海新区新港 2 号路
设计 / 竣工时间：1984 年 / 1986 年
建筑面积：6 449 m^2
观众席：4 000 座

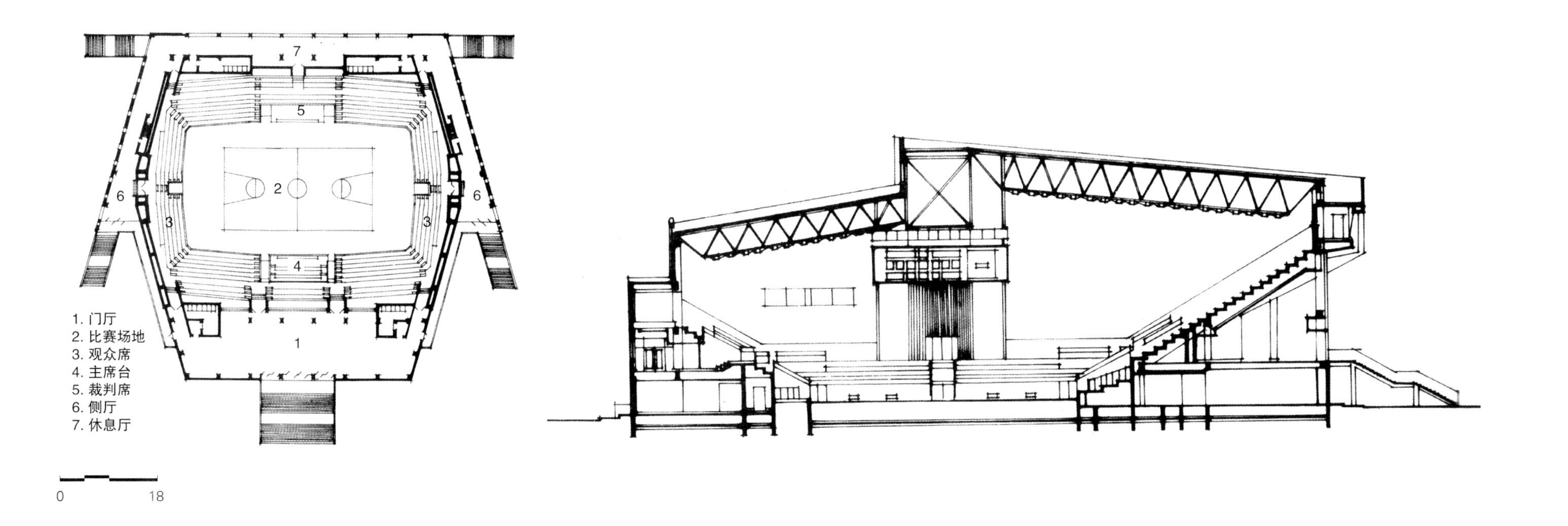

项目概况

天津港文化体育活动中心将体育馆与剧场观众厅功能一体化综合设计，可满足体操和多项球类比赛要求，也可作为文艺演出场所，达到多功能使用要求，效果良好。屋盖采取中间钢桁架，两侧为网架，分别置于桁架的上下弦，形成高侧窗天然采光以节省能源，桁架下做灯光马道。该建筑因设计造型简洁明快、规模适中，可满足体育比赛、文娱演出等多功能使用要求。1991 年被评为天津市优秀设计一等奖。当年被当作样板工程参照选用，先后在山西省阳泉市、辽宁省锦州市被重复借鉴。

天津和平体育馆

建设地点：天津市和平区新华路 211 号
设计 / 竣工时间：1991 年 / 1993 年
建筑面积：4 500 m^2
主体建筑高度：23 m
观众席：3 000 座

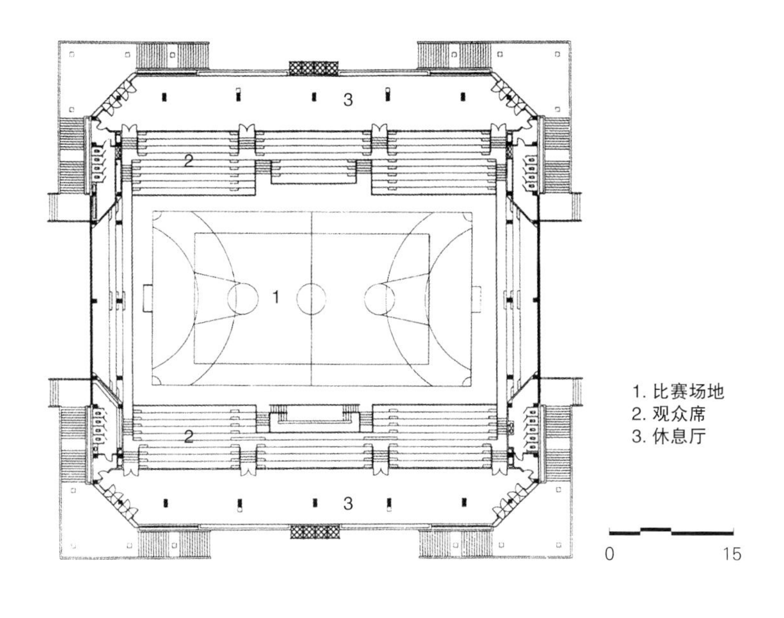

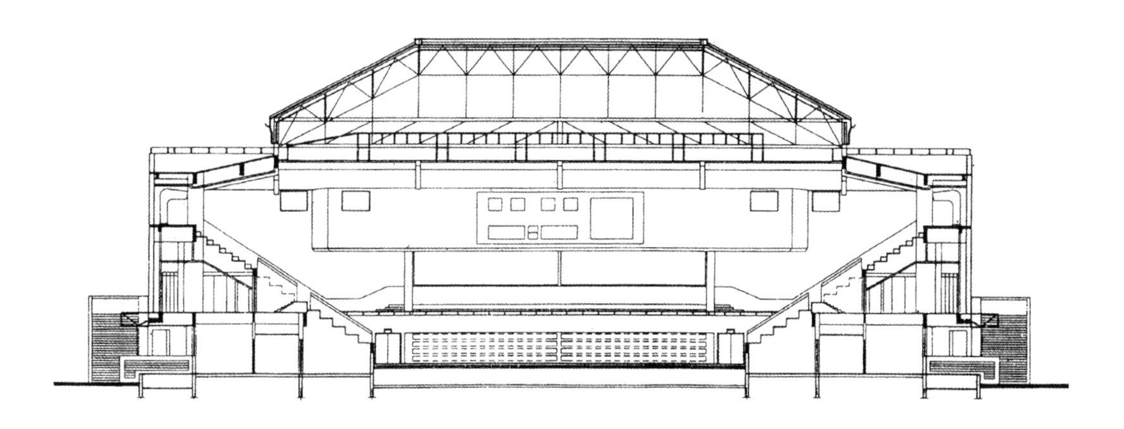

项目概况

天津和平体育馆是一座区级小型体育馆，由于受地形限制，又处在天津市近代建筑保护区内，建筑创作在满足篮、排球场地矩形平面的前提下，从屋盖结构设计入手，创造性地做出了幕式双向二绞拱结构设计方案，水平推力由悬臂梁倾覆力平衡，理念先进、技术合理，每平方米用钢量仅为8千克普通钢材，达到同期国内先进水平。同时为外部屋顶空间造型创造了四坡顶的空间形态，使之与周边城市环境完美融合，达到和谐共生的美学境界。

陕西咸阳体育馆

建设地点：陕西省咸阳市
设计 / 竣工时间：1984 年 / 1986 年
建筑面积：7 000 m^2
观众席：3 200 座

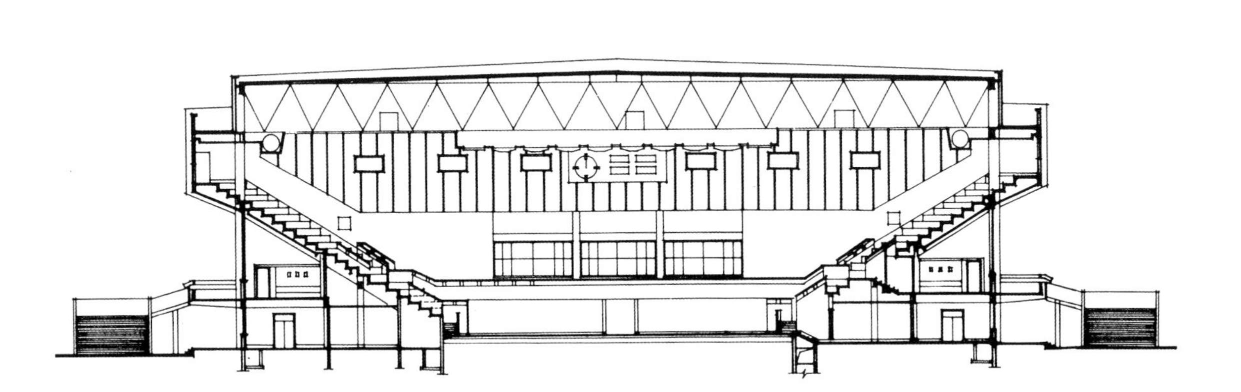

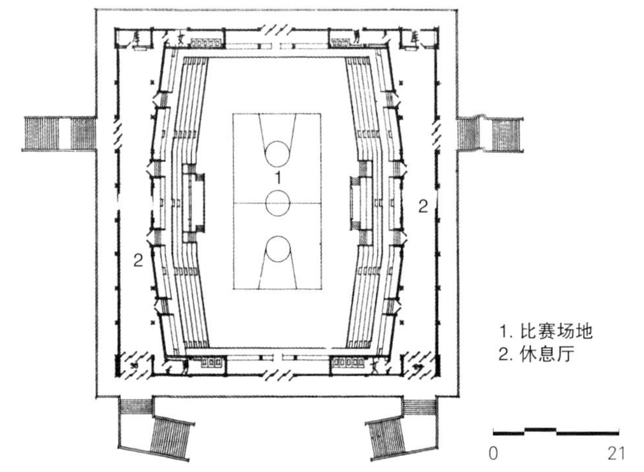

项目概况

陕西咸阳体育馆比赛场地按手球比赛设计，可满足一般球类和体操比赛要求，屋面采用大跨度螺栓球网架结构。该馆设计体现出适用、经济、美观的创作特点，当年荣获“全国中、小型体育馆设计竞赛”北方地区（3 000 座）第一名，并在全国首届优秀工程设计评选中荣获国家优秀工程设计银质奖，在 20 世纪 80 年代经济复苏发展时期，被当作通用图，先后应用于河北省唐山市工人体育馆和天津市大港区体育馆。

当代创作

CONTEMPORARY CREATION

随着我国体育事业的蓬勃发展和城市经济的繁荣
天津承接的国内外体育赛事不断增加
1995 年第 43 届世乒赛
2008 年北京奥运会分赛场赛事
2013 年东亚运动会
2017 年第十三届全国运动会等
我院秉承绿色节能、社会资源和谐共享的设计理念
完成多项满足专业化体育比赛需求的高标准体育场馆
同时赋予其平赛功能兼顾的灵活性
为广大市民强身健体提供更多的空间和场地
为促进全民健身体育文化的发展做出贡献

TADI

天津奥林匹克中心体育场

建设地点：天津市南开区卫津南路
设计 / 竣工时间：2002 年 / 2007 年
用地面积：445 000 m^2
建筑面积：169 000 m^2
主体建筑高度：53 m
观众席：60 000 座

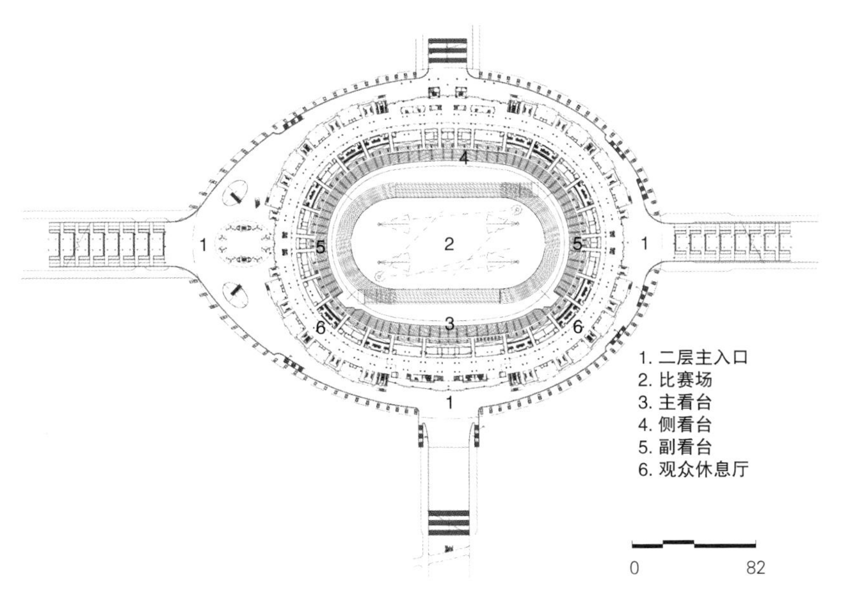

项目概况

该项目是为 2008 年北京奥运会量身打造的。场地规划设计将已建成的天津体育馆、拟建的水上运动中心及奥体中心体育场三项体育设施一体化综合布局，设计以“露珠”为创作主题，三个场馆宛如三颗形态各异的清亮“水滴”落入水面，临水而生，依水而建，塑造出一处独具天津特色的“水上体育中心”城市景观。水滴入水寓意着人类回归自然的理想，诠释着“绿色奥运”的主题。

体育场以柔和的曲面空间造型与碧水、蓝天、绿草融为一体，简约、通透、富有张力，加之完善的使用功能，既满足国际足球和世界田径比赛的要求，又创造了适宜的人文环境，彰显了“人文奥运”的创作主题。

以先进技术、新工艺、新材料构成高科技、智能化的体育场：大跨度钢桁架悬挑结构设计、钢筋混凝土超长无缝设计、屋面多种材质的金属面板整合的高新技术，将建筑艺术的柔美与现代结构的高科技完美结合于一体。自然水域再生处理系统、水环热泵空调系统、光纤通信、电视转播信息系统以及智能化管理系统等科技手段，创造出理想的竞技环境，体现了“科技奥运”的宗旨。

为承办 2017 年第十三届全运会的开幕式和田径比赛，根据赛事使用要求对体育场局部进行了设计提升和调整。在宾客主入口处，对车流交通动线、人流主通道的大台阶景观和周边环境绿植做一体化的整合设计，重塑更快、更高、更强的城市礼仪形象。

根据全运会需要，进一步完善贵宾接待区功能，在原看台下部高大空间内，加建贵宾接待用房，并兼顾平赛结合的原则，大部分接待用房可为赛后全民健身使用。

精心设计整体装配化钢结构主席台，充分体现其现代、高效、经济、可重复持续使用的特色，满足大会多项礼宾接待和媒体摄制的功能要求。

中国
Vs
澳大利亚
China PR
Australia
0
:
0

天津体育馆

建设地点：天津市南开区宾水西道
设计 / 竣工时间：1992 年 / 1995 年
用地面积：122 300 m^2
建筑面积：54 000 m^2
主体建筑高度：53 m
观众席：9 091 座

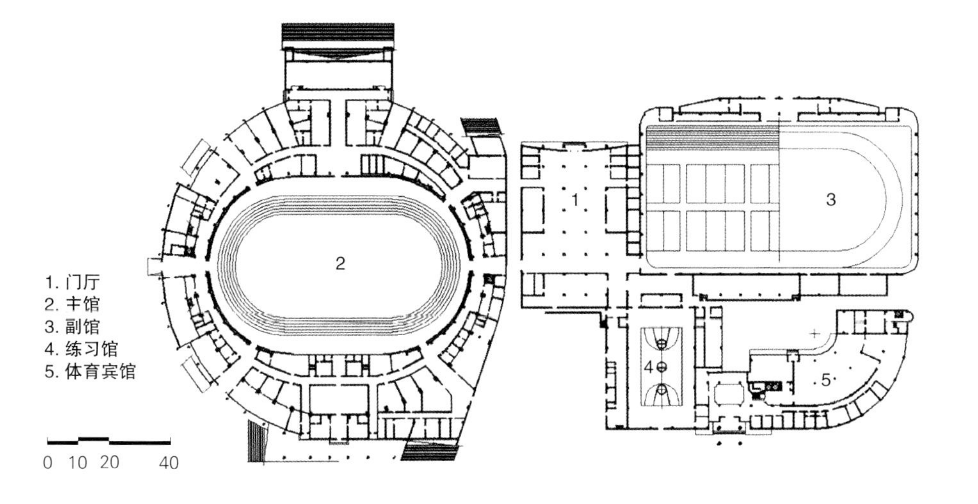

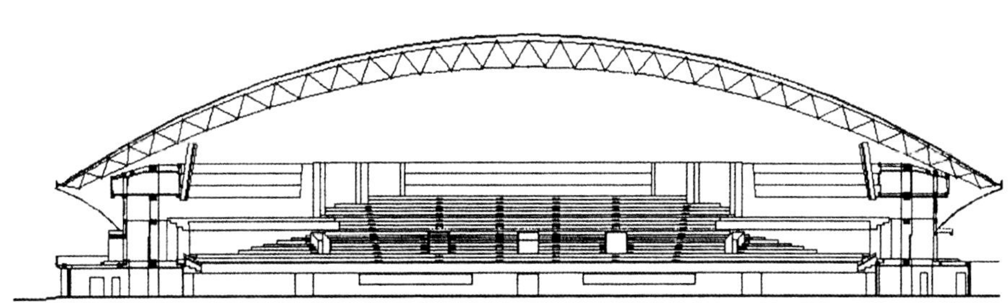

项目概况

天津体育馆由主馆、副馆、训练馆、体育宾馆四部分组成。主馆建筑面积 24 677 m^2，跨度 108 m，设有固定座席 6 713 个，活动座席 2 378 个。是我国第一座内设 200 m 室内田径跑道的体育馆，建成后曾多次承接洲际室内田径比赛，填补了国内室内田径竞技场馆空白。主馆屋面设计采用球面体造型，使其形态具有全方位景观，体现出飘逸的曲线美和运动感。碟状体育馆与远处高耸入云的几乎同时代建成的电视发射塔遥相呼应，“一个从天上飘然而落，一个从地面展翅欲飞”。建筑外檐采用银灰色金属屋面，配以乳白色外墙，置于绿色草坪和蔚蓝色人工湖的环抱之中。该馆先后承办了 1995 年第 43 届世界乒乓球锦标赛、1999 年第 34 届世界体操锦标赛、2013 年第六届东亚运动会，受到国内外的一致好评。先后获得国家优秀工程设计金质奖、天津市科技兴市突出贡献奖、中国建筑学会（60 年）建筑创作大奖、建国（60 年）建筑创新设计大奖。

为承办 2017 年第十三届全运会闭幕式及羽毛球比赛，场馆功能进行了全面提升，在尊重既有结构体系的基础上，通过适度的技术手段，使天津体育馆焕发出新时代的活力。

场馆功能提升

· 提升比赛场地的适应性。将原可放置的室内田径跑道改造为 70 m×40 m 的内场，以满足多种球类比赛要求以及演出、展会等多功能需求。

· 提升看台功能。休息厅及内部观众厅相互连通，看台形成连续界面，增加座椅数量，达到万人体育馆规模。

· 梳理贵宾区功能流线。增加贵宾和各省市接待用房，内部功能房间在原有基础上进一步改造整合。

· 为增加比赛氛围和文艺演出效果，在网架下弦中央增设吊挂环视斗屏。

· 场地绿色节能系统改造。提高通风效率，减少冷源能耗，增设新风换气系统，提升室内空气品质，并有全热回收功能，全热回收效率高于 60%，有效降低了运营能耗。

EPSON
天津爱普生
OTIS
天津奥的斯電

1 2 3 4 5 6 7 8

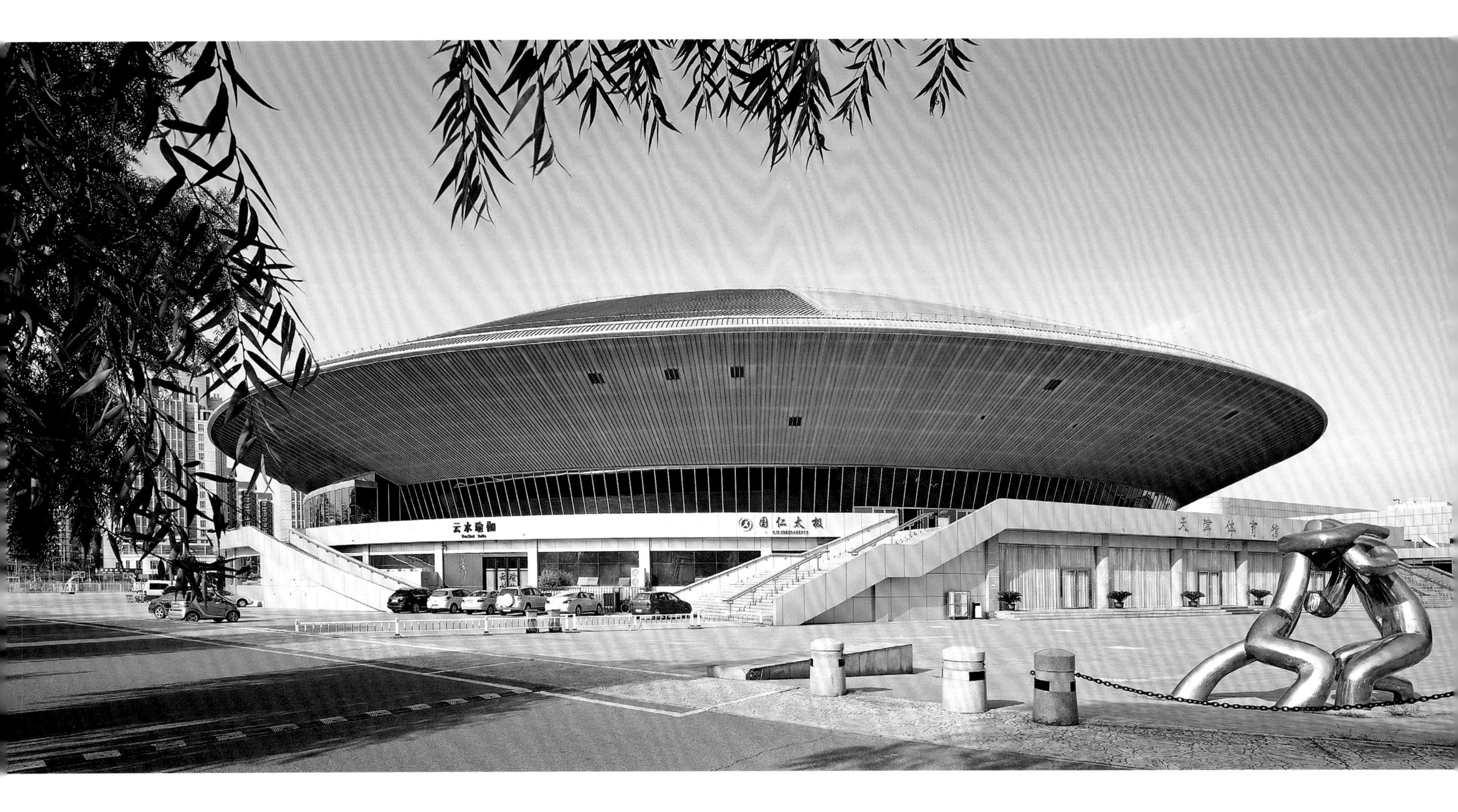
云水瑜伽
国仁太极

VOLVO

天津团泊体育中心

建设地点：天津市静海区团泊新城西区
设计 / 竣工时间：2013 年（一期竣工） 2017 年（二期竣工）
用地面积：1 053 500 m^2
总建筑面积：57.4 万 m^2

项目概况

天津团泊体育中心为集竞技体育、训练、科研以及运动员住宿等多种功能于一体的国际化体育基地。体育中心为专业运动员、体校学生及市民提供多种专业体育场馆和休闲设施，营造出舒适、健康，且现代、集约、生态的体育竞技环境，不仅保障了 2017 年第十三届全运会赛事的顺利开展，更为全民健身创造了良好的条件。

体育中心包括竞技区、体育训练区、综合开放区及生活区。东侧竞技区包括自行车馆、射击馆、曲棍球场、棒垒球场等。沿团泊大道各竞赛场馆以自行车馆为中心南北展开，大尺度的景观与建筑空间形成了优美的城市景观，同时满足了对外开放需求。

体育训练区涵盖体育训练及科研教学等功能，包括综合训练馆、田径馆、各类训练场地及科研办公楼。该区域相对安静，同时与竞技区联系便捷；建筑与中心景观有机融合，为体育训练营造了健康、优美的环境。

西北部生活区设有运动员公寓、学生宿舍、专家公寓、餐厅等生活设施。与城市规划形成整体，便于配套设施互为补充，环境优美的组团化设计为运动员提供了良好的休憩空间。

园区规划总面积约为 31 200 m^2，有总容积超过 40 000 m^3 的人工水体 3 处。规划区域除具有电力、燃气、热力等常规能源和供排水管网等市政资源条件外，还可利用太阳能、浅层地能、深层地热等可再生能源，充分实现了体育中心绿色、节能、生态、环保的规划理念。

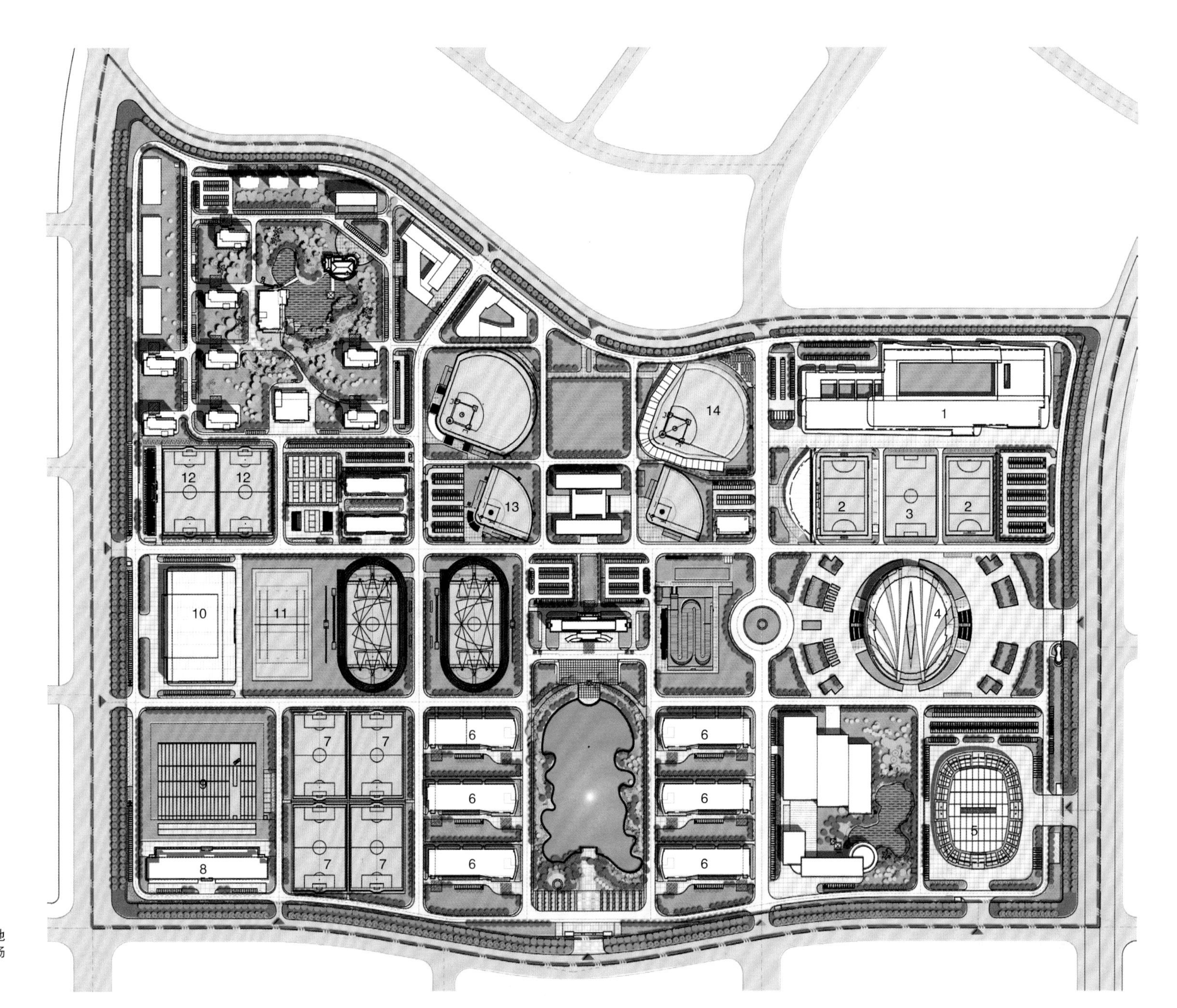

1. 射击馆
2. 曲棍球场
3. 足球场
4. 自行车馆
5. 综合体育馆
6. 综合训练馆
7. 足球场
8. 射箭馆
9. 射箭场
10. 田径训练馆
11. 橄榄球比赛场地
12. 女子足球比赛场
13. 垒球比赛场地
14. 棒球比赛场地

自行车馆

建设地点：天津市健康产业园区体育基地竞技区中部
设计 / 竣工时间：2011 年 / 2012 年
用地面积：85 336 m^2
建筑面积：28 200 m^2
主体建筑高度：41 m
观众席：3 218 座

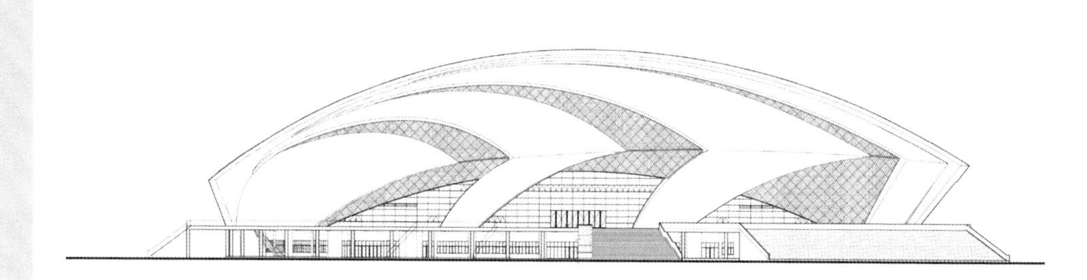

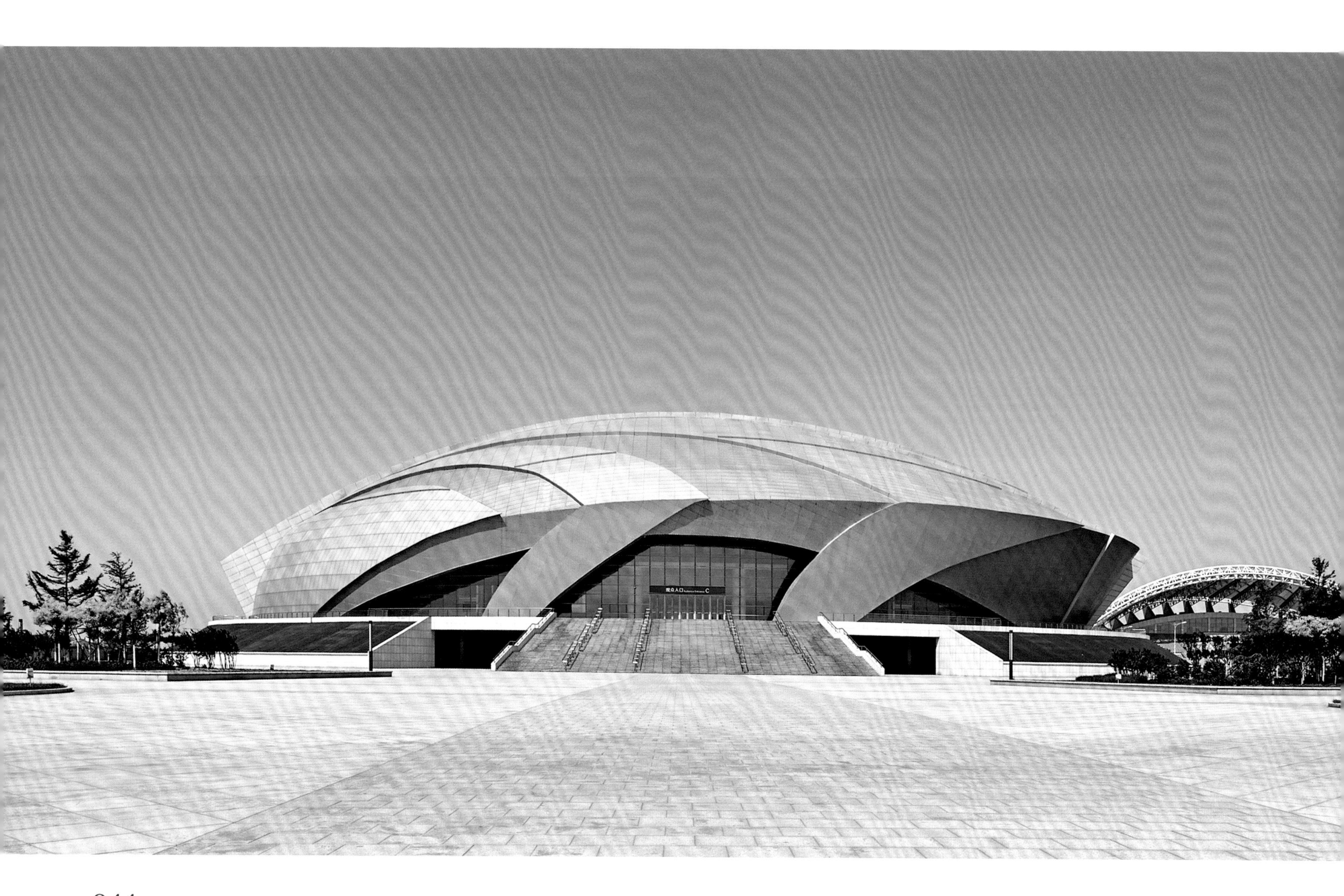

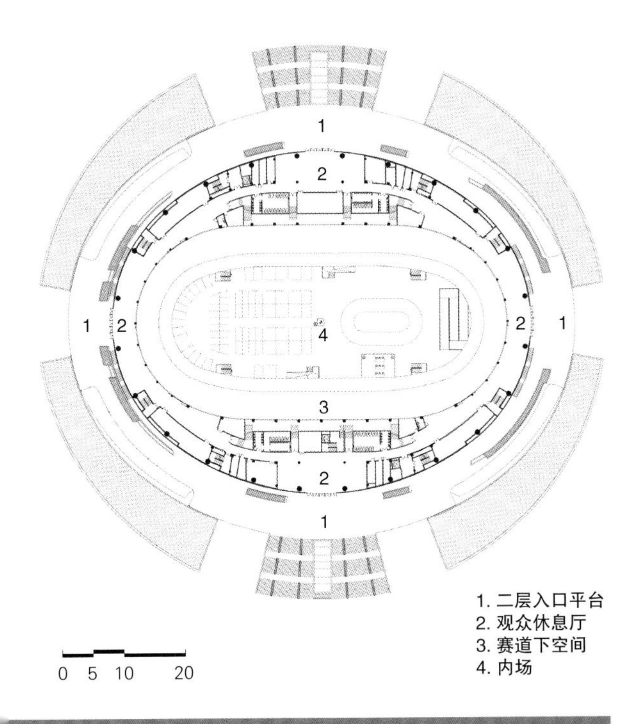

1. 二层入口平台
2. 观众休息厅
3. 赛道下空间
4. 内场

项目概况

自行车馆是迎接 2013 年东亚运动会的主要体育场馆之一。场馆设置 1 800 席固定座位、1 418 席活动座位，建筑采用 126 m×100 m 椭圆形平面，贴合赛道形状。从前广场来的观众通过大台阶即可抵达二层的观众厅，管理和辅助用房位于建筑东西两侧的看台下，实况转播等设备用房设置在夹层内，布局紧凑，空间利用合理。

自行车比赛场地主要由赛道、蓝区、安全区、内场 4 部分组成，赛道周长为 250 m，赛道宽度为 7.5 m，由 2 个直道段、2 个弯道段和 4 个过渡曲线段组成。赛道面层为木制，赛道横截面倾角为 13° ~ 45°。设计符合国际自行车联盟的技术规定，可承办国内外各级别赛事。

立面设计

主体比赛馆造型像自行车比赛的赛帽，放置在舒缓的人工坡地上，主体外观即为建筑的结构。大跨度的悬支穹顶结构体系呈流线型，主体所开的洞口缓和了建筑物的体量感，轻盈、动感、贴切地反映出自行车馆运动的特质。曲线形的结构形式符合仿生学原理，立面与结构达到完美统一。主体内部空间也具有独创性，同一方向上富有张力的曲线排列使建筑充满力量和动感，简洁而典雅。

关键问题分析和解决办法

设计师在布置赛道时，满足了国际自行车联盟对赛道的曲率半径及最大速度的要求。建筑采用悬支穹顶的结构形式，保证了内部的完整性，并且外部造型新颖别致，突出了设计特点。

在自行车馆赛后的潜在利用上，除考虑自行车比赛训练的基本需求外，一层场地中央设置 12 块壁球场地，平时还可举办各种文体活动，如乒乓球、台球、网球、羽毛球比赛等。此外，还可举办大型群众文娱活动，诸如音乐会、庆祝活动、展览等。

HKG
3:43.9
HKG
3:43.9

射击馆

建设地点：天津市健康产业园区体育基地东北侧
设计 / 竣工时间：2011 年 / 2013 年
用地面积：74 811 m^2
建筑面积：37 996 m^2
主体建筑高度：23.9 m
观众席：2 665 座

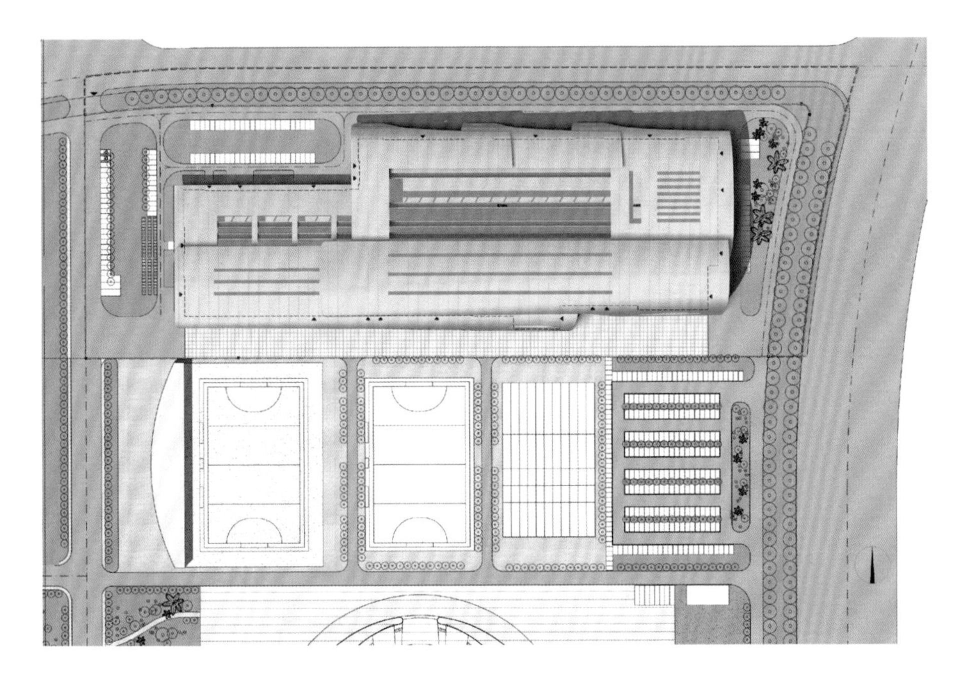

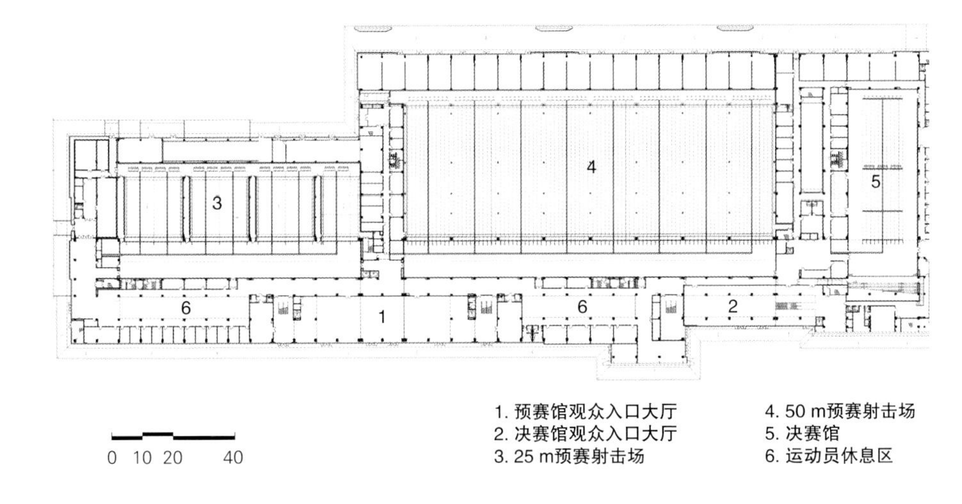

1. 预赛馆观众入口大厅
2. 决赛馆观众入口大厅
3. 25 m预赛射击场
4. 50 m预赛射击场
5. 决赛馆
6. 运动员休息区

项目概况

射击馆是承办第六届东亚运动会和第十三届全运会的场馆之一。建筑长 300 m，宽 100 m，主体 2 层，局部 3 层。射击馆主要设有 10 m 气手枪预赛赛区、25 m 预赛赛区、50 m 预赛赛区和决赛馆 4 个部分，商业性质的全民健身用房设置在建筑北部。

建筑造型设计以“速度”为主题，将射击运动中子弹出膛的“速度穿越感”固化为建筑语言，主要用两个不规则的弧形筒体交错形成刚劲有力的独特体量。

射击馆的赛后转化功能定位为市区稀缺体育资源和中型观演剧场。平时，观众共享大厅可临时设置为羽毛球、乒乓球场地，决赛馆可改建成小剧场，实现了共赢。

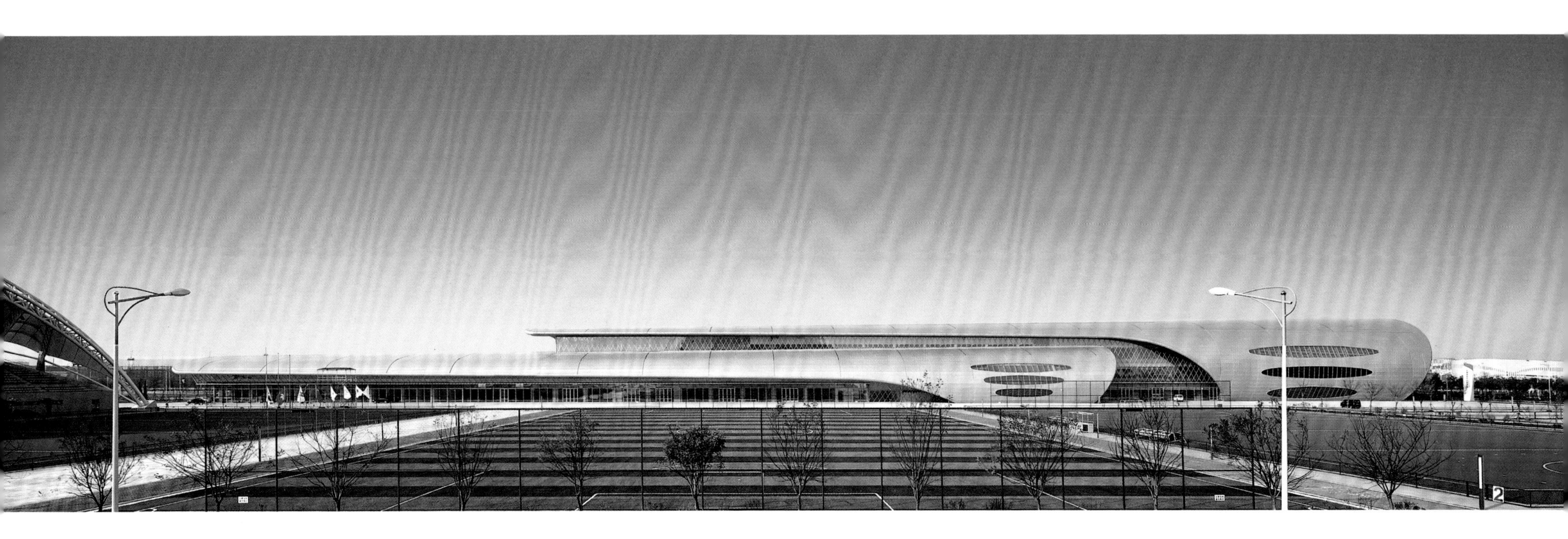

天津体育中心射击馆
TIANJIN SPORTS CENTER SHOOTING RANGE

2
SIUS

射箭馆

项目地点：天津市健康产业园区体育基地西南侧
设计 / 竣工时间：2015 年 / 2017 年
用地面积：19 990 m^2
建筑面积：7 630 m^2
主体建筑高度：13.45 m
观众席：3 605 座

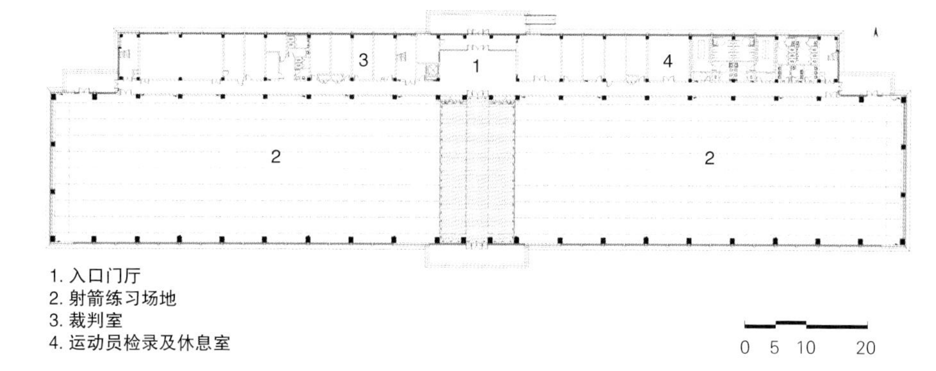

1. 入口门厅
2. 射箭练习场地
3. 裁判室
4. 运动员检录及休息室

项目概况

射箭馆设计理念来源于弓箭的箭头。将富有立体感的箭头直插地下，整齐排列，形成有规则和韵律的形状，构成极富特点和个性的建筑形态，形成建筑的独特造型和韵律感，富于视觉冲击力。射箭馆尺寸为 180 m × 60 m，主体 1 层，局部 2 层，含有 2017 年全运会射箭比赛训练馆及附属设施。训练场地中间部分为射箭区，左右各设 8 个箭道，两侧为挡箭牌。北侧为运动员和裁判员房间以及更衣、休息区。北侧部分各个房间按功能需要布置，满足运动员、裁判员、各类体育工作人员的需求。

在全运会比赛期间，运动员可从南侧入口进入热身场地，通过更衣、休息区达到候箭区，进入预赛和决赛场地，流线清晰便捷。

在非比赛期间，可结合室内场地特点，举办多种体育休闲项目，包括室内射箭、篮球、网球、跆拳道等，达到可持续利用的目的。

绿色建筑设计

・采取被动措施优先原则，减小建筑进深，控制窗墙比，南北朝向，尽可能满足房间采光及通风需求。

・采用地源热泵，利用浅层和深层可再生能源。

・采用光导管引入日照，增加自然采光。采用 LED 照明和感应开关，节约用电。

・采用预应力梁、高强混凝土、高强钢筋，节约材料。

曲棍球看台

建设地点：天津市健康产业园区体育基地竞技区中部
设计 / 竣工时间：2011 年 / 2012 年
用地面积：54 920 m^2
建筑面积：4 751 m^2
主体建筑高度：31 m
观众席：2 100 座

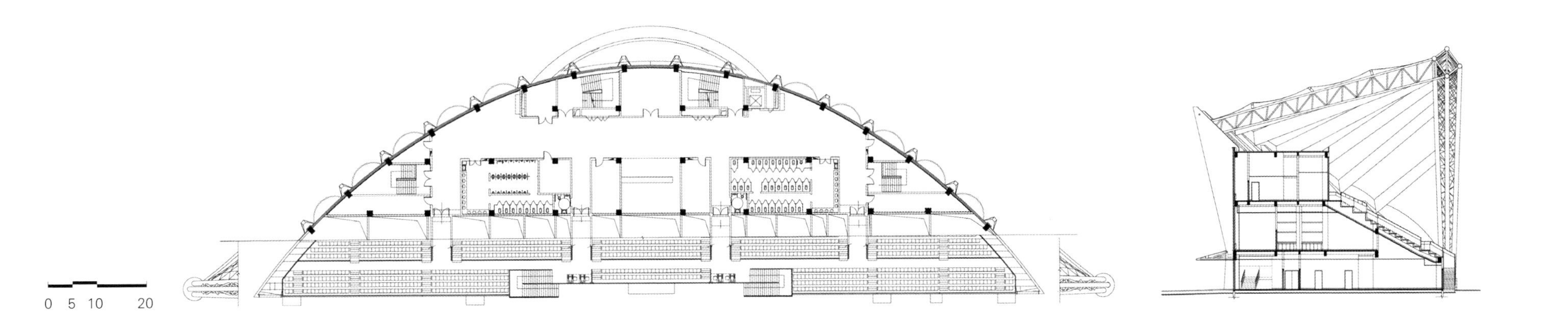

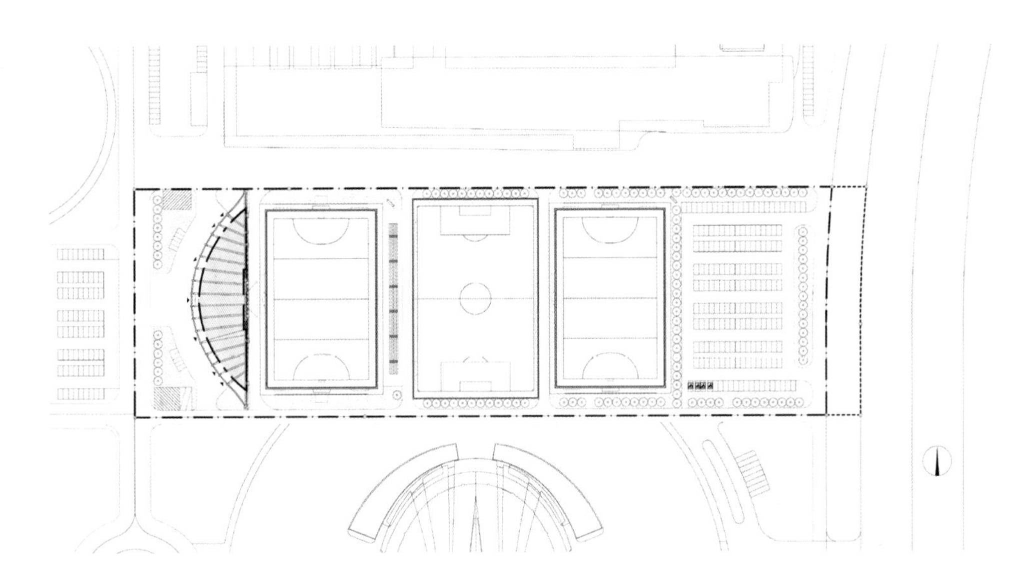

项目概况

曲棍球看台用地紧邻自行车馆和射击馆。由于两个大体量体育建筑给曲棍球看台用地造成了一定的压迫感，所以采用弧线形平面轮廓设计，充满张力和动感，蕴含积极向上的体育精神；沿弧线放射状倾斜的立柱仿佛运动员手中挥动的球棍，象征着力量；支撑看台膜结构顶棚的桁架，向心地指向前方的大拱，体现了这一集体项目的团队精神；以贝壳状为母体的建筑体量简洁，并富有感染力。

建筑平面采用弓形平面，直边贴合场地形状，曲边则延展面向建筑前广场。建筑首层设有运动员休息区、裁判员休息区、媒体区、国际曲协组委会办公区及其他附属用房。运动员区和裁判员区邻近比赛场地出入口，媒体区和组委会区设有各自独立的出入口。为保证各分区运行上独立和便利，采用竖向分层来处理各分区之间的关系：观众活动区设置于二层，内部人员活动范围位于一层，贵宾休息区则集中设置在三层。

曲棍球看台采用钢筋混凝土框架结构，上部钢结构罩棚为骨架式膜结构。钢结构大拱跨度 122 m，高度 31 m，由 4 根直径为 600 mm 的钢管作为弦杆，弦杆之间为直径 219 mm 的钢管腹杆，此钢结构罩棚为目前国内跨度最大的骨架式膜结构罩棚。

田径训练馆、橄榄球看台

项目地点：天津市健康产业园区体育基地西南角
设计 / 竣工时间：2013 年 / 2016 年
用地面积：53 300 m^2
建筑面积：18 000 m^2
主体建筑高度：23.13 m
观众席：2 000 座

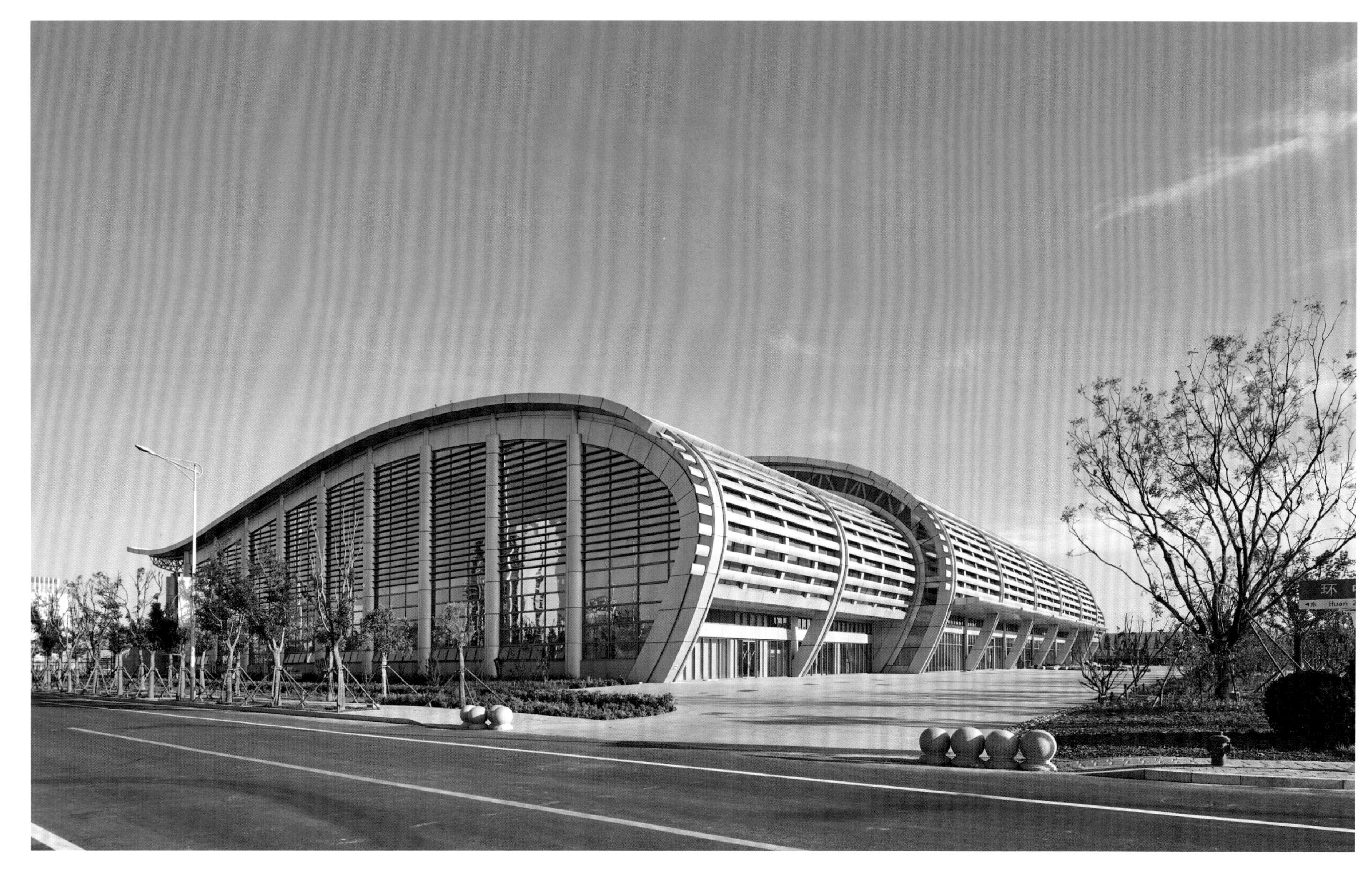

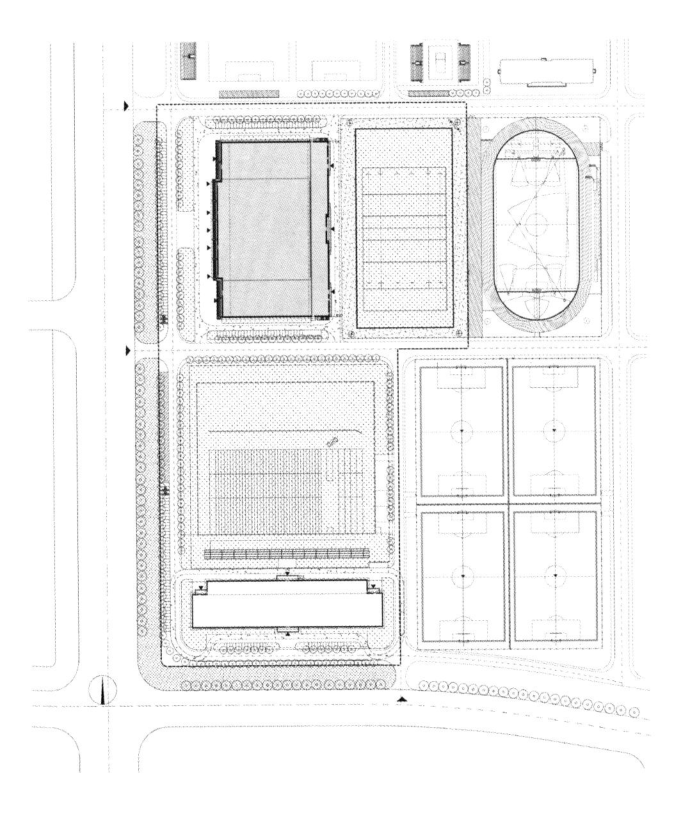

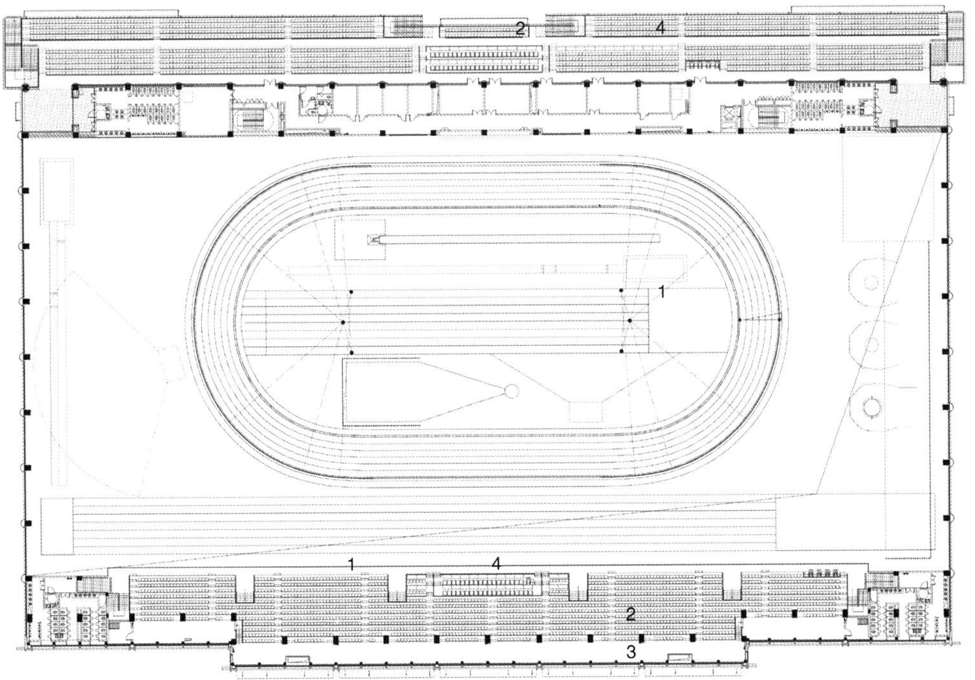

项目概况

田径训练馆、橄榄球看台是体育基地中重要的训练及比赛场地，是 2017 年全运会的橄榄球比赛场馆。田径训练馆主要出入口面向东海道布置，主入口前设置疏散广场，满足大量人流集散的需求。橄榄球比赛场位于田径训练馆的东侧，其室外看台与田径训练馆贴临，弧形屋面将两部分联系起来。

田径训练馆主体 1 层，局部 2 层，平面为 144 m×95 m 的长方形，是天津乃至全国功能完备、设施先进的大型场馆，可承办国内外室内田径比赛。

橄榄球看台贴临田径训练馆，看台下部空间为辅助用房，布置有运动员区、媒体用房、管理人员用房。

绿色建筑设计

• 结合周围环境的特点，采用弧形的造型与周边呼应，把田径训练馆与橄榄球看台等两种功能集中在同一个体型空间之中，节地节材。

• 屋顶由两个弧形屋面交错形成富有动感的独特体量，屋顶布置天窗，合理组织自然通风，减小了大空间热负荷。

• 结构选型采用最经济的倒三角立体桁架体系与建筑空间完美结合。

• 建筑东西向、南向设遮阳百叶，减小太阳辐射对室内热舒适度和视觉舒适度的不利影响，降低了建筑能耗。

棒球比赛场地看台

项目地点：天津市健康产业园区体育基地北侧
设计 / 竣工时间：2015 年 / 2017 年
用地面积：20 000 m²
建筑面积：6 000 m²
主体建筑高度：11 m
观众席：3 500 座

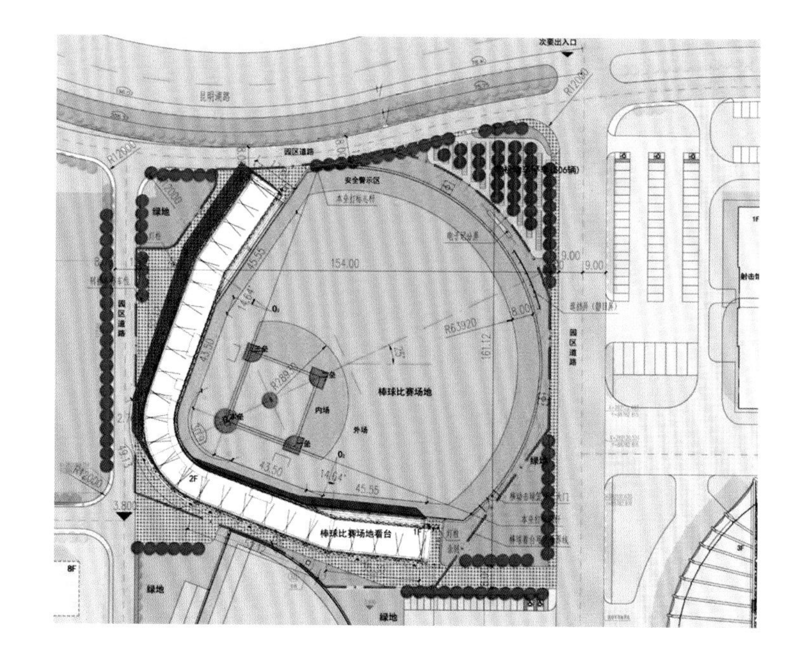

项目概况

棒球比赛场地与垒球比赛场地相邻，由集中绿化场地东西相隔，分别包括比赛场地与练习场地。

棒球比赛场地及活动座椅、临时用房已于2013年建成并投入使用，为满足2017年第十三届全运会棒球比赛项目赛事需求，移除原有活动看台，拆除原有运动员区和功能区附属用房，建设一座平面呈“V”形的固定座椅式看台及附属用房。

棒球比赛场地看台造型设计力求以建筑的语汇传达棒球运动力与美的完美融合。沿外部轮廓倾斜而有韵律的立柱仿佛棒球运动员手中挥动的球棍，象征着力量；支撑看台膜结构顶棚的桁架，向心的指向体现了这一集体项目的团队精神。立面不加繁复的装饰，只是合理暴露骨架膜结构的结构构件，在形成简洁、现代的建筑形象的同时，也营造了富有韵律的天际轮廓线。

女子足球比赛场

项目地点：天津市健康产业园区体育基地西侧
设计 / 竣工时间：2015 年 / 2017 年
用地面积：53 217 m^2
建筑面积：16 700 m^2
主体建筑高度：8 m
观众席：2 000 座

项目概况

天津团泊体育中心女子足球比赛场包括一片足球比赛场和足球比赛看台。

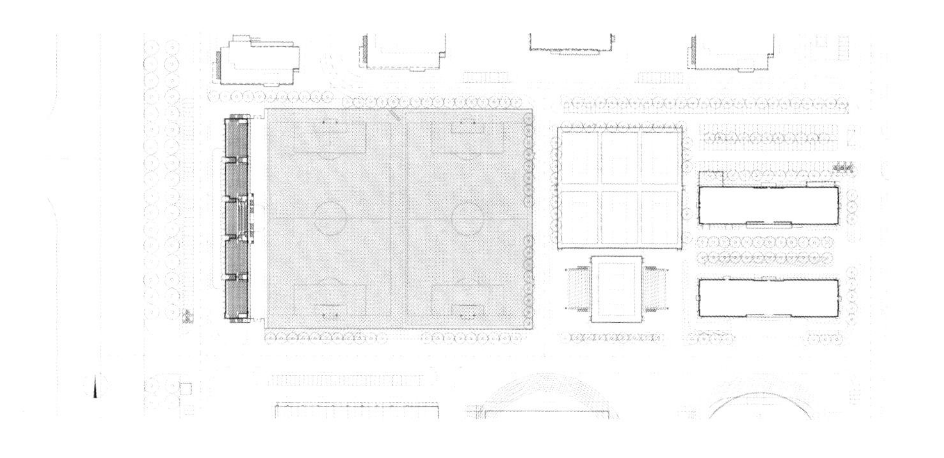

足球比赛场

两片足球比赛场位于足球比赛看台东侧，尺寸为 105 m×68 m，场地东西两侧留有3 m缓冲区，南北两侧留有7.5 m缓冲区。南北两侧缓冲区外设置6 m高的挡网。

足球比赛看台

足球比赛看台平面为矩形。建筑首层设有运动员休息室、贵宾休息室、裁判员休息室、成绩处理机房、媒体工作室、新闻发布厅等；观众看台、贵宾席位于建筑顶部。

功能性空间与看台空间有机地交织在一起，立面采取分段处理的手法，以建筑元素的重复打破了建筑本身较厚重的体量感，强调韵律感，体现了力量与美的结合，与运动主题相结合。

天津网球中心

建设地点：天津市南开区复康路体工大队院内
设计 / 竣工时间：东馆 1987 年 / 1988 年　西馆 1998 年 / 1999 年　中心比赛场 2011 年 / 2013 年
用地面积：130 732 m^2
建筑面积：34 106 m^2
主体建筑高度：18.6 m

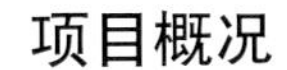

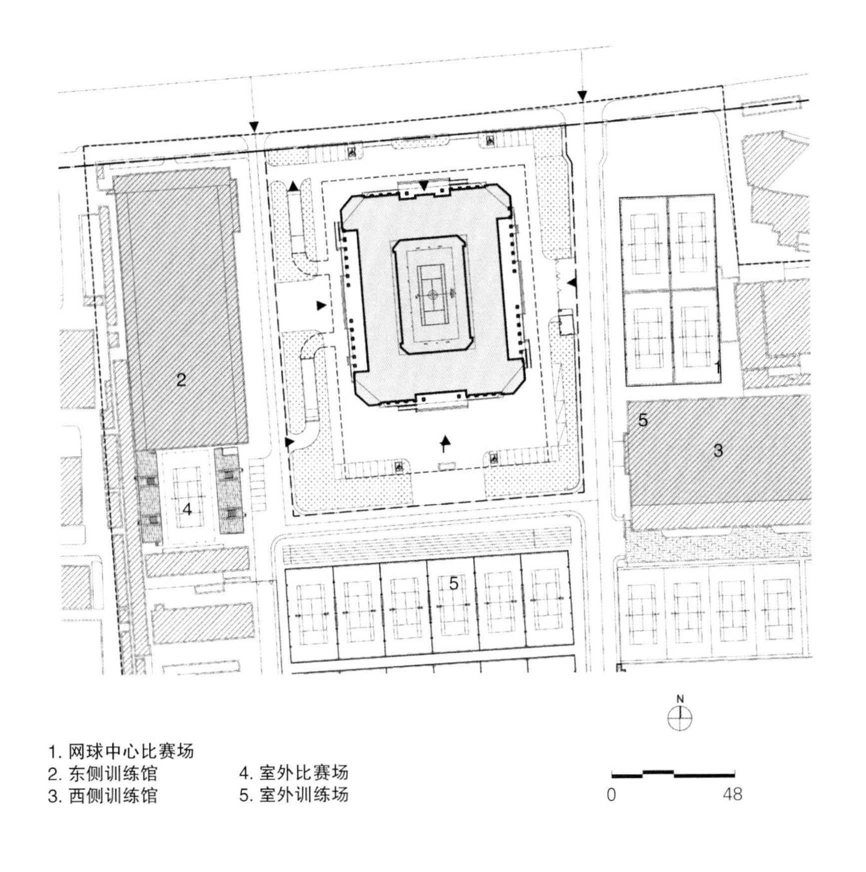

1. 网球中心比赛场
2. 东侧训练馆
3. 西侧训练馆
4. 室外比赛场
5. 室外训练场

项目概况

天津网球中心包括两座室内网球馆，一座 3 500 席的中心球场、一座 1 000 席的次中心球场，新建、改建的 26 块室外网球训练场地以及相应的办公、公寓等配套设施。

网球中心训练馆

东侧训练馆室内空间尺寸为 48 m×102 m，可设置 6 块网球场地，是当年国内最大的室内网球场，由室内田径馆改造而成。结构采用混凝土悬臂梁与拱形钢三铰拱，巧妙地将拱形结构水平推力与悬臂梁倾覆平衡抵消，具有良好的经济效益，用钢量相当于同跨度结构的 1/4，达到国内先进水平。

西侧训练馆 1998 年建成，本着适用、安全、经济、美观的原则，严格控制投资造价，做到使用功能合理，技术设备先进，造型简洁美观，既能满足目前网球队日常训练需求，又能承接大型网球比赛。训练馆采用新材料、新技术，为施工创造充分的条件，节约能源，合理用地。本馆作为训练馆，设少量观摩席位，二层挑台主要作为临时观摩席位。

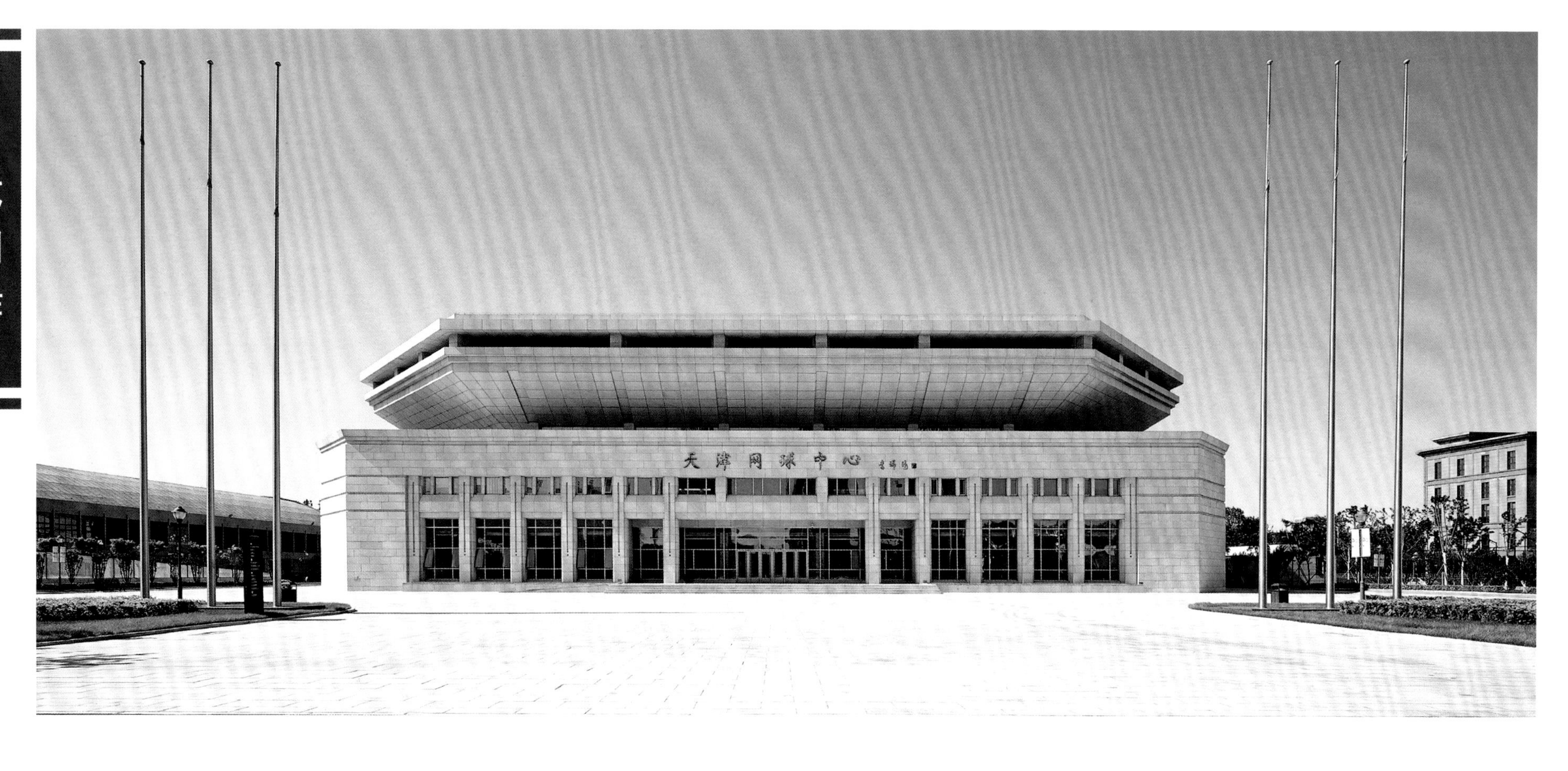
天津网球中心

05区

网球中心比赛场

网球中心比赛场可承办国内外竞技比赛，设标准比赛场地一片，根据建筑功能主要分为竞赛区、观众区、运动员区、赛事运营区、新闻媒体区、贵宾接待区、赛场管理区等。妥善安排运动场地、看台及各类辅助用房，实现功能区块的联系与分割要求。以网球比赛场为核心，看台逐级围合四周，利用看台下部空间设置各类辅助用房。

建筑形象是内涵的合理外延，网球中心通过结构特点来表达特定的形式，将内场看台屋面作为重要的视觉要素。结合竞赛的采光、遮阳等要求，屋面为空间管桁架的结构体系。屋面结构设计充满极具张力感的动势，与建筑的唯美融于一体。

天津泰达足球场

建设地点：天津市滨海新区北海路
设计 / 竣工时间：2002 年 / 2004 年
用地面积：79 600 m^2
建筑面积：75 000 m^2
主体建筑高度：31.8 m
观众席：34 600 座

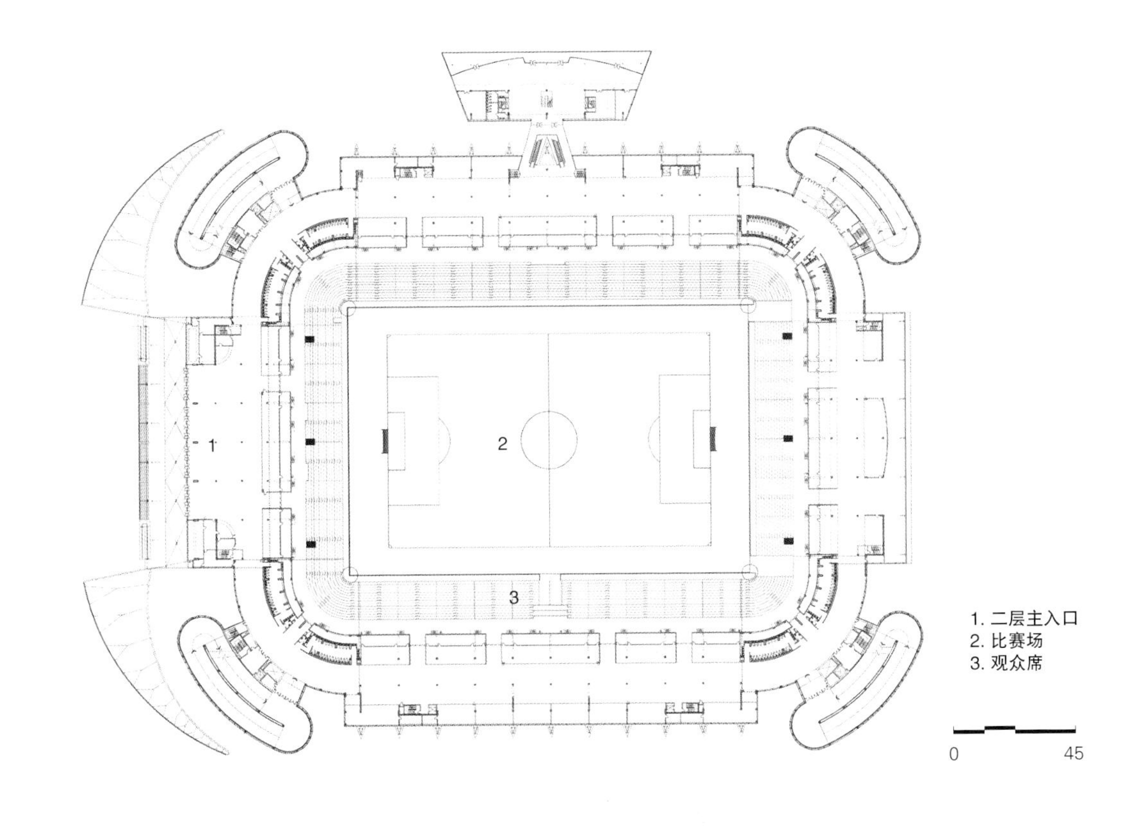

项目概况

天津泰达足球场是中国新建的第一个专业足球场，场地尺寸为标准的 106 m×75 m。设计紧紧围绕“以人为本”“塑造城市”的理念。观众席设置了环形内走道，缩短了观众的行走距离；观众席未设分区，方便观众交流；交通核坡道有创意，对人的行为研究深入，加快了疏散速度。观众席绝大部分座椅位置观看比赛的视角、视距良好，突出了专业足球场的观赛优势。

场地设施

场地的照明采用较为传统的四角灯塔照明，在两侧的看台顶棚上布置了照明光带，避免四角照明产生阴影的不良现象。设置排碱管线，以避免盐碱对草皮生长的不利影响。

建筑外部空间

建筑造型以弧形金属板作为基本构图单元，金属板外为弓形格构钢架，体现了建筑的力量美，同时具有高技派的神韵。格构式钢架投射在金属板上的阴影减弱了金属的实体感，四角的交通核结合高耸的灯塔，成为建筑外观的有机组成部分。透过玻璃幕，若隐若现的坡道为建筑增添了动感。

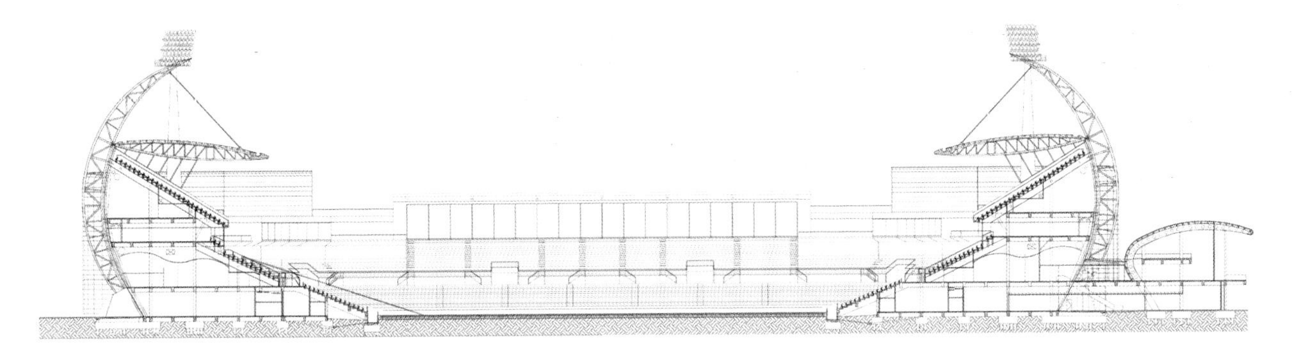

天津市残疾人体育训练基地

建设地点：天津市滨海新区学府路西侧
设计 / 竣工时间：2005 年 / 2007 年
用地面积：58 640 m^2
建筑面积：26 560 m^2
主体建筑高度：30 m

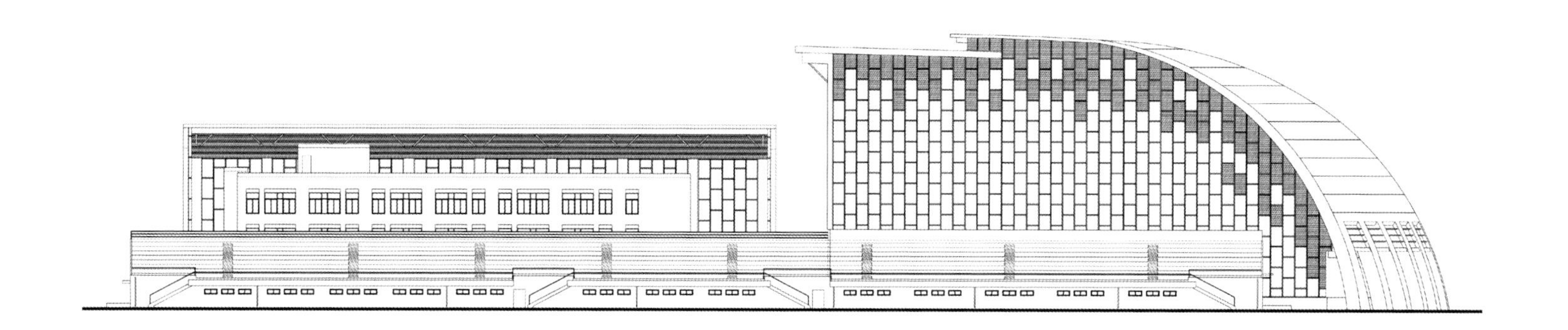

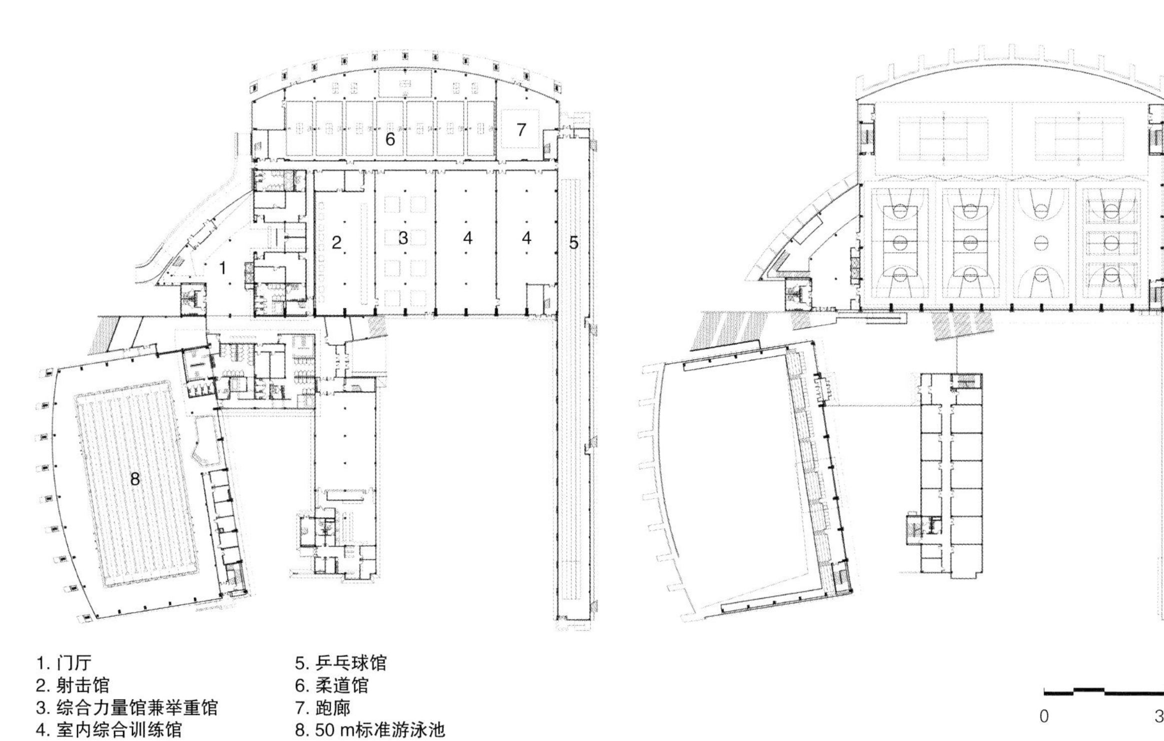

项目概况

天津市残疾人体育训练基地的主要建筑包括体育训练基地主楼（含综合训练馆和游泳馆）、运动员招待所和辅助设备用房。

由于主要服务人员为残疾人，建筑设计中处处以残疾人运动员和残疾人观众的特殊要求为主（例如，在游泳馆设计中考虑到轮椅无法通过洗脚池，特设计了一条专用通道），同时充分考虑了无障碍设施（包括坡道，无障碍电梯，专用更衣、淋浴、卫生间，扶手，无障碍客房、通道，低位公用电话，盲道，盲人过街音响等）。为实现残疾人“平等、参与、共享”的目标创造条件。

建筑造型以简洁、现代、流动、醒目为设计原则，综合训练馆和游泳馆的屋面为落地弧面，拥抱城市，使建筑与场地在空间上有机结合。圆弧屋面表现了运动感，也体现了力度，高科技材料的运用更强化了运动美。层叠的屋盖象征着运动的动感，象征着体育精神的飞翔，不同大小、方位的组合韵律体现着体育精神的动感与生命力。

厦门嘉庚体育馆

建设地点：厦门市集美新行政商业中心区
设计 / 竣工时间：2004 年 / 2006 年
用地面积：121 935 m²
建筑面积：38 000 m²
主体建筑高度：35 m
观众席：4 800 座

1. 观众休息厅
2. 比赛场
3. 观众席
4. 活动看台

0 7 14 28

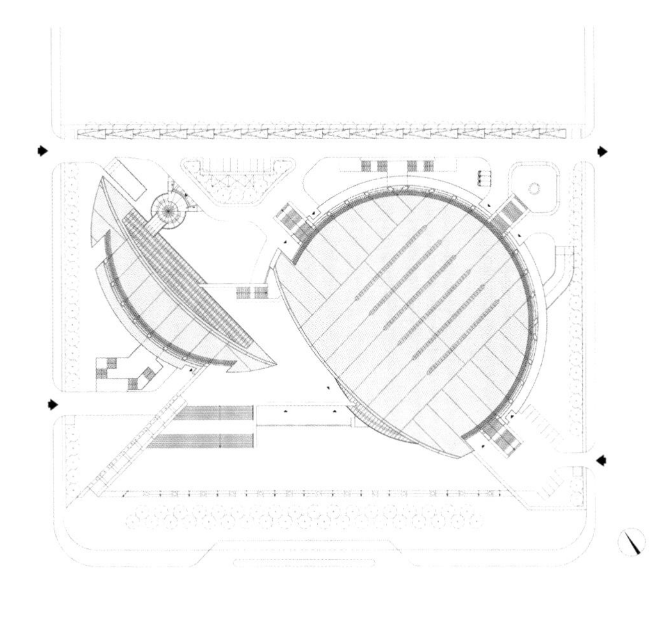

项目概况

厦门嘉庚体育馆是厦门市第一座可举办国际体育比赛的综合性体育馆。整个场馆由比赛馆和训练馆构成，两馆由一个球冠切分开来，东侧作为比赛馆，西侧则为训练馆，两馆错位分离后自然形成疏散广场。圆形的造型使比赛馆和训练馆浑然一体，气势磅礴。在建筑上大刀阔斧地切分，使主体带有开天辟地般的气魄，从独特角度诠释了中国传统文化精神，赋予建筑强烈的现代意味。该馆已成为厦门地区的标志性建筑。

D区
D区
中国厦门
嘉庚体育馆欢迎您
Welcome to Jiageng

厦门工人体育馆

建设地点：厦门市思明区体育路
设计 / 竣工时间：2006 年 / 2008 年
用地面积：92 567 m^2
建筑面积：59 356 m^2
主体建筑高度：27 m
观众席：4 626 座

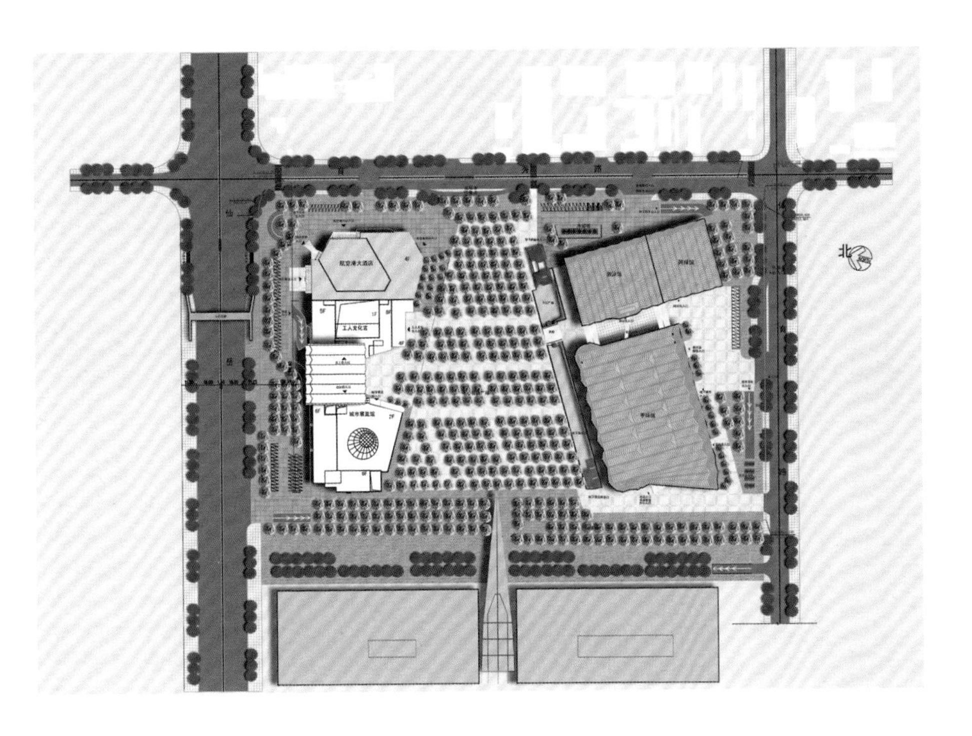

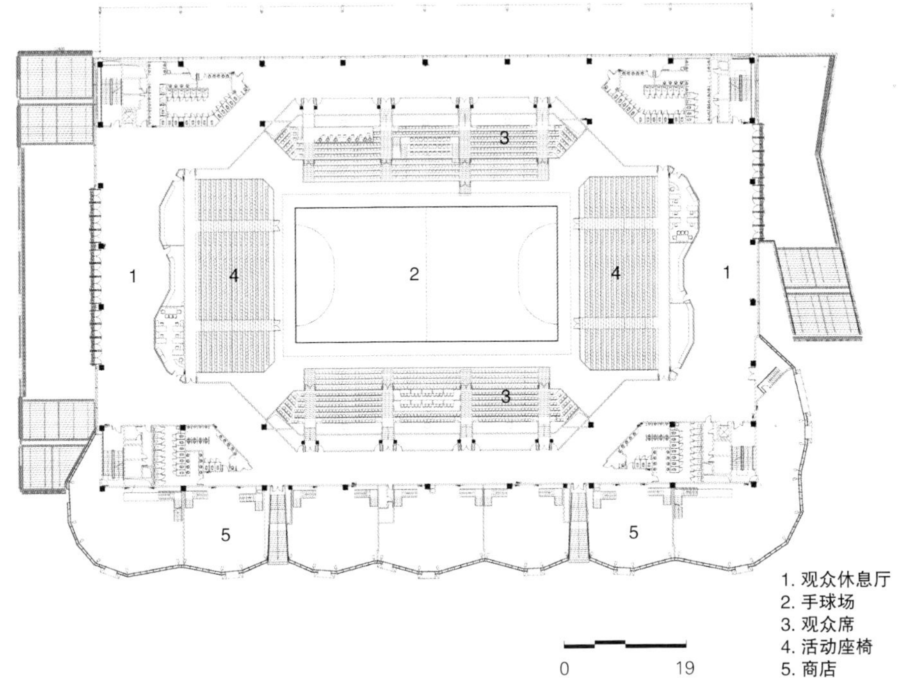

1. 观众休息厅
2. 手球场
3. 观众席
4. 活动座椅
5. 商店

项目概况

厦门工人体育馆是厦门市委、市政府为丰富职工群众文体活动、完善城市体育设施而兴建的综合性群众体育健身活动场馆。

综合馆可满足手球（篮球、排球、羽毛球、乒乓球等）国内单项体育比赛需求，也可作为大型文艺演出、会议展览等的场所。

游泳馆建筑面积 7 830 m^2，内设 50 m ×21 m 8 条泳道的标准游泳池；羽毛球馆建筑面积 6 630 m^2，设有 18 块羽毛球场；网球馆建筑面积 2 080 m^2，设有 2 片 18.97 m×36.57 m 的标准场地；乒乓球馆建筑面积1 184 m^2，设有20张乒乓球台。

工人体育馆地下配套建设 3 万 m^2 的大型商场及有 1 055 个车位的停车场。项目建成后与毗邻的文化艺术中心共同成为厦门市集文化、体育、休闲、娱乐、购物、旅游、集会于一体的文体精品片区。

2012年伦敦奥运会选拔赛暨第16届全国跆拳道锦标赛圆满成功！
F

工人體育

苏州体育馆

建设地点：苏州市新区东侧体育中心
设计 / 竣工时间：1999 年 / 2001 年
建筑面积：45 000 m²
主体建筑高度：16 m
观众席：6 000 座

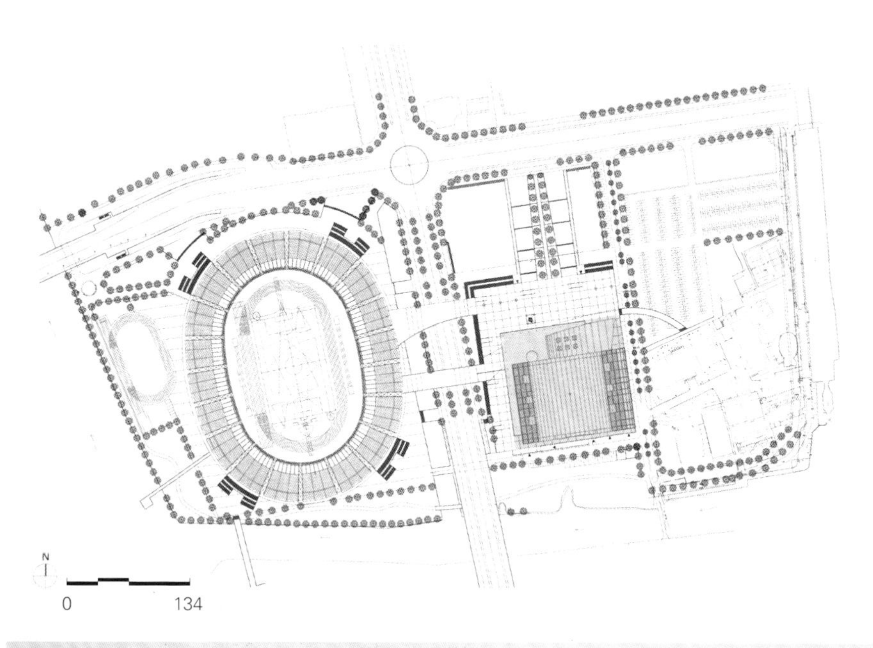

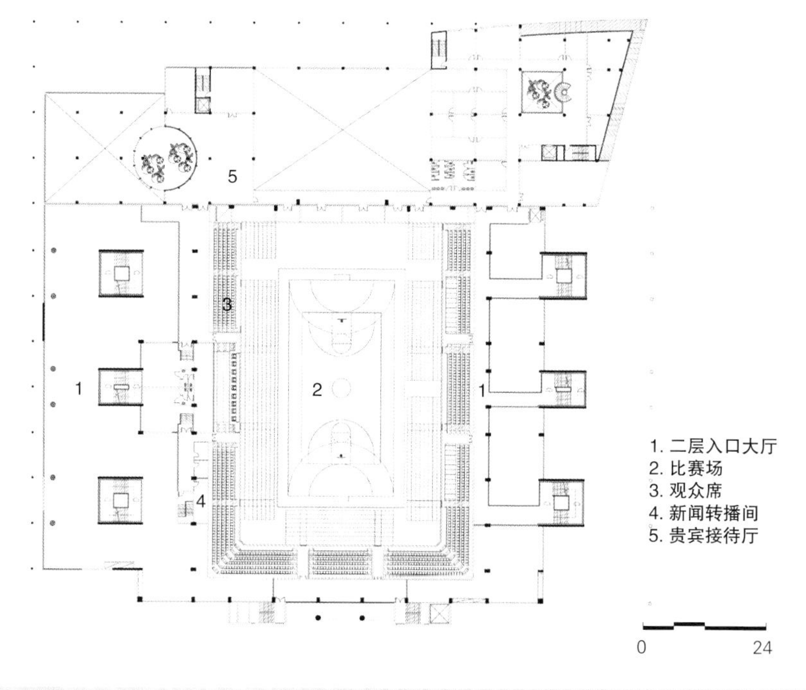

1. 二层入口大厅
2. 比赛场
3. 观众席
4. 新闻转播间
5. 贵宾接待厅

项目概况

苏州体育馆场地尺寸为 38 m×60 m，看台采取三面固定、一面活动的形式，与训练馆紧密连接，可以满足篮球、排球、手球、乒乓球、羽毛球、体操、室内足球等多项体育比赛的需要，也可作为各类文艺演出的场地。

观众席设置环形内走道，缩短了观众的行走距离，观众席未设分区是一个大胆的设计，方便了观众交流。金属质感的立面、外露的弧形钢网架及弧形屋面充满张力与现代感，既与体育中心的其他项目相适应，又强调了现代体育建筑自身的特征，富于视觉冲击力。玻璃幕墙与金属板颜色淡雅，以灰、白、黑为主色调，产生了很好的艺术效果，体现了苏州的城市文脉。

无锡市体育中心体育馆

建设地点：无锡市太湖大道以北，青祁路以西，建筑路以南
设计 / 竣工时间：2002 年 / 2004 年
用地面积：440 000 m^2
建筑面积：57 398 m^2
主体建筑高度：33.7 m
观众席：6 600 座

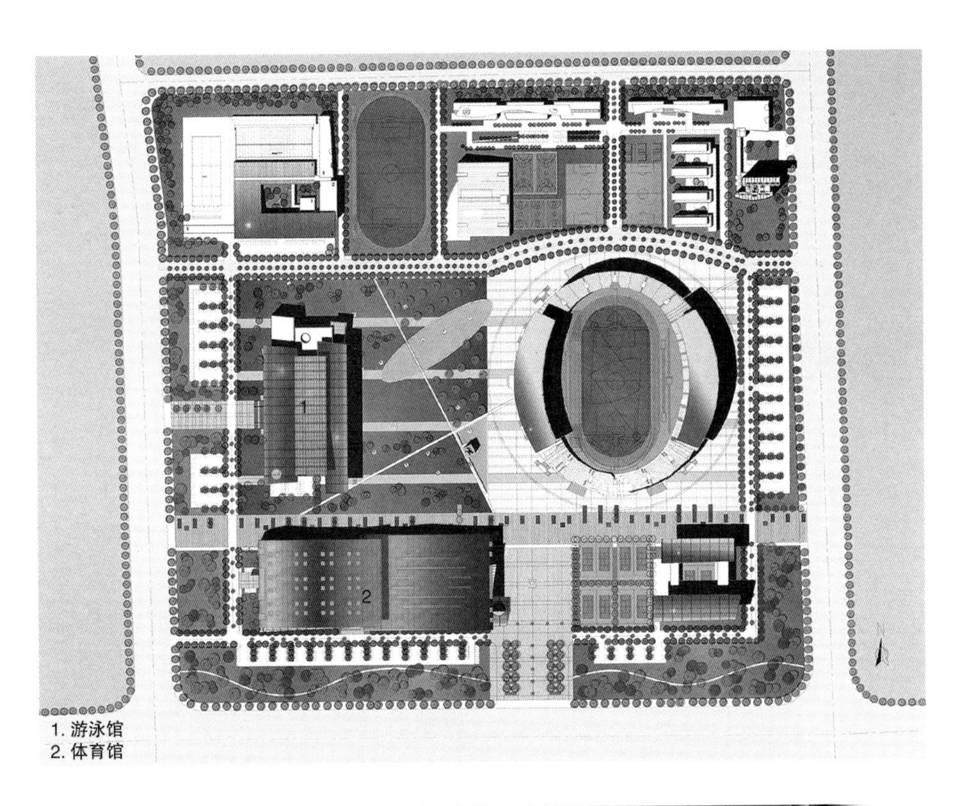

项目概况

无锡市体育中心是一座设施一流、功能完善的现代化体育中心。我院完成设计的项目包括体育馆（兼有会展功能）、游泳跳水馆及动力中心。体育馆是一所集训练、比赛、文艺演出、健身休闲、展览和会务于一体的综合性体育场馆。

体育馆与会展有机结合，相互利用，节能、节地、节材。会展部分功能齐全，兼容性强。看台采用静压箱的下送风系统，大幅度提高了适应性和节能性。

2007年“千里马”杯中国国际女排精英赛（无锡赛区）
2007"CELIMO" CUP CHINA INTERNATIONAL WOMEN'S VOLLEYBALL TOURNAMENT(WUXI)
金龙鱼中国女排主赞助商
中国·无锡
天然纺织
adidas
金龙鱼
MIKASA

SONY
KIA

创新未来

INNOVATORY FUTURE

近年来，中国体育建筑发展的步伐越来越快
体育建筑所涵盖的内容更加多元和广泛
对其所处环境和地域文化的尊重
也越来越受到关注和重视
如何创作出面向未来的优秀体育建筑
无疑对建筑师提出了更高的要求
在本章节收录的呼和浩特市体育中心
天津高新区渤龙湖体育健身中心
河北工业大学体育馆的创作实践
体现着我院新生代建筑师对我国体育建筑
未来发展的新理念、新技术的新探索

呼和浩特市体育中心

建设地点：呼和浩特市成吉思汗大街与府兴营巷交口

设计 / 竣工时间：2014 年 / 2017 年

用地面积：131 950 m^2

建筑面积：128 403 m^2

主体建筑高度：33.35 m

观众席：6 550 座

洁白的哈达

蒙古包

场馆型体设计借鉴了蒙古包木构架"哈那"的形制，将建筑型体塑造与结构体系统一处理，创造出简洁的建筑空间与极具地域特色的造型。屋面的设计引入"哈达"的飘逸形态，整体建筑色彩使用白色系，在蒙元文化中象征着纯洁、幸福与吉祥

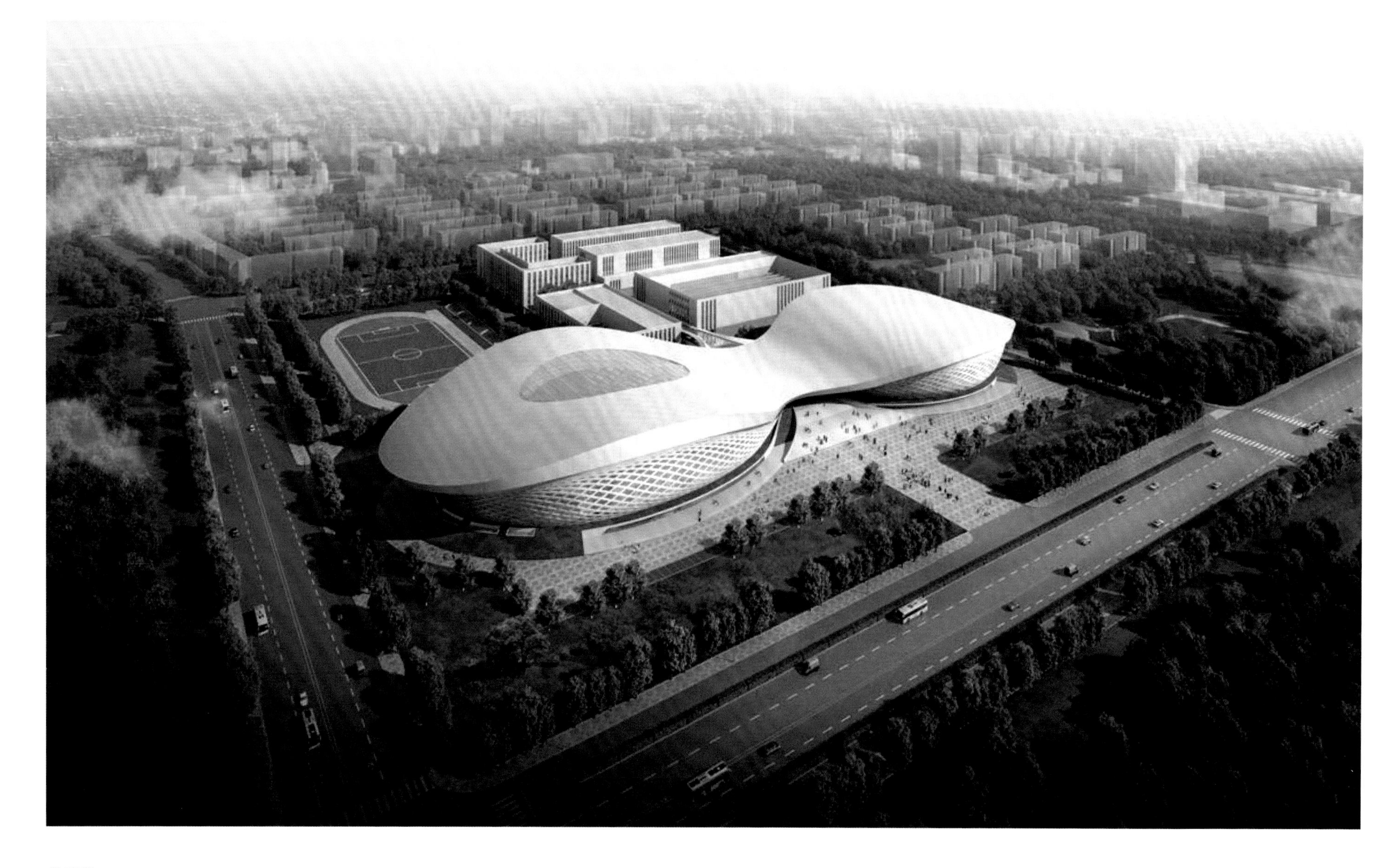

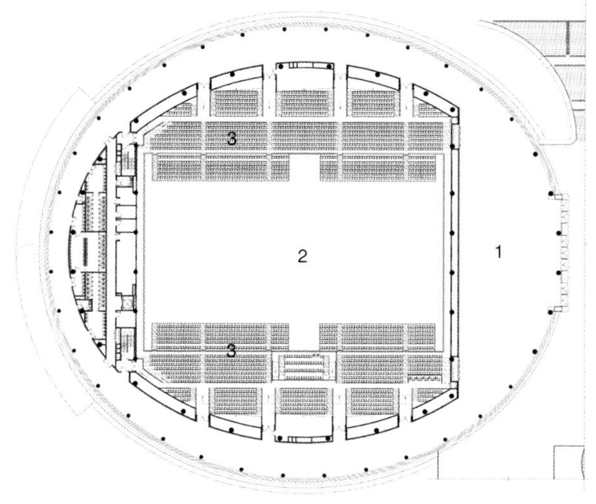

1. 观众集散厅
2. 比赛场
3. 观众席

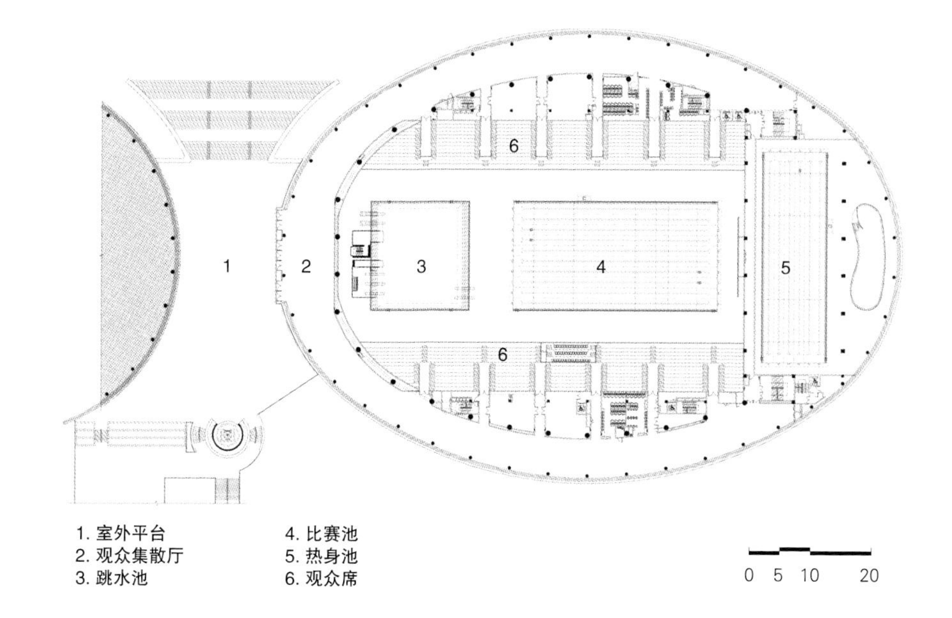

1. 室外平台
2. 观众集散厅
3. 跳水池
4. 比赛池
5. 热身池
6. 观众席

项目概况

呼和浩特市体育中心包括游泳跳水馆、体育馆、体育运动学校等多项功能，其中游泳馆建筑面积 31 700 m^2，观众席 3 050 座；体育馆建筑面积 16 000 m^2，观众席 3 500 座。游泳馆和体育馆位于贯穿项目基地南北轴线的起始端，两个场馆通过连廊与南侧的体育运动学校相互连接，并与内蒙古体育场、内蒙古体育馆相邻，共同构成成吉思汗大街的重要景观。

平面布局

· 游泳跳水馆

游泳跳水馆为甲级体育建筑，可承办国际赛事。地下 1 层，地上 3 层。地下一层为设备用房。首层分为比赛大厅、群众使用区域和辅助用房三个功能分区。比赛区域设有国际标准游泳比赛池，共设置 10 条泳道，还可举办水球、花样游泳比赛；国际标准跳水池设置 6 块 1 m 板，3 块 3 m 板，3 m、5 m、7.5 m、10 m 跳台各一个。群众使用区域设热身池、戏水池；辅助用房区主要由运动员、技术、裁判、媒体、贵宾等功能用房组成。二层分为观众看台和观众集散厅两个功能分区。三层分为游泳俱乐部、媒体办公用房和设备机房三个功能分区。

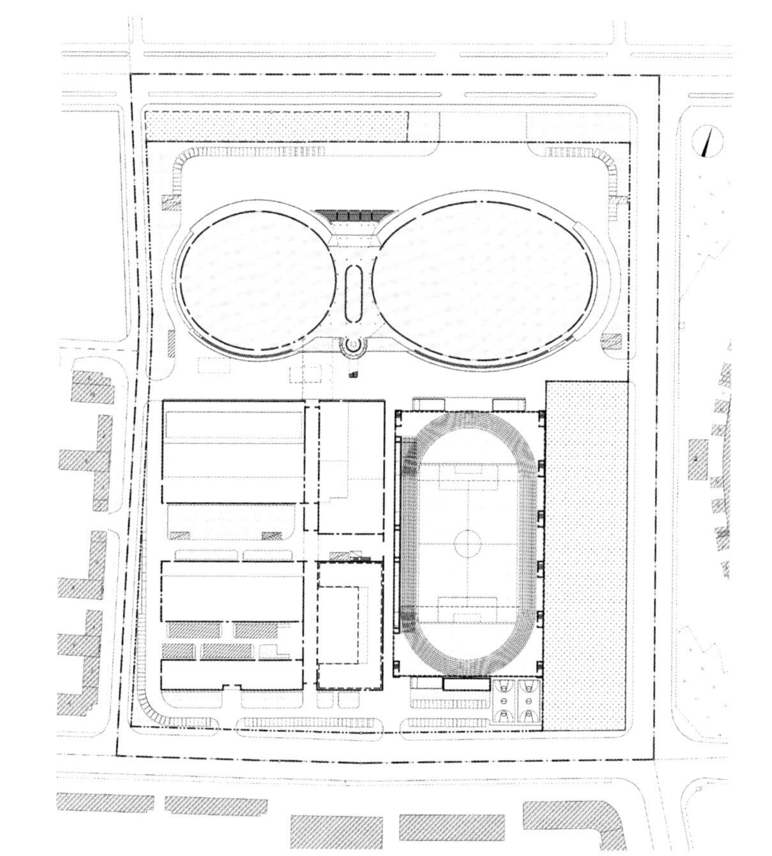

· 体育馆

体育馆为乙级体育建筑，除可承接一般体育竞技项目外，还可承办冰上运动赛事。地上 3 层，观众座席中固定座席 2 200 座，活动座席 1 300 座。

立面造型

作为该地区的标志性建筑，设计从该地区民族特色分析着手，力求体现蒙元文化特色，使之成为为呼和浩特量身定做的建筑。整体建筑空间错落有致，富于韵律的变化。

呼和浩特市城南体育馆暨赛罕区全民健身中心

建设地点：内蒙古自治区呼和浩特市赛罕区
设计 / 竣工时间：2016 年 / 至今
用地面积：101 686 m^2
建筑面积：41 000 m^2
主体建筑高度：29.3 m
观众席：4 800 座

如意祥云

形：飘逸流畅，灵动蜿蜒

意：万事顺利，吉祥如意

在立体造型上汲取“如意”之曲线，“祥云”之走势，与总图理念保持一致；将体育馆、全民健身中心和文化活动中心融为一体，形象完整统一，灵动优美

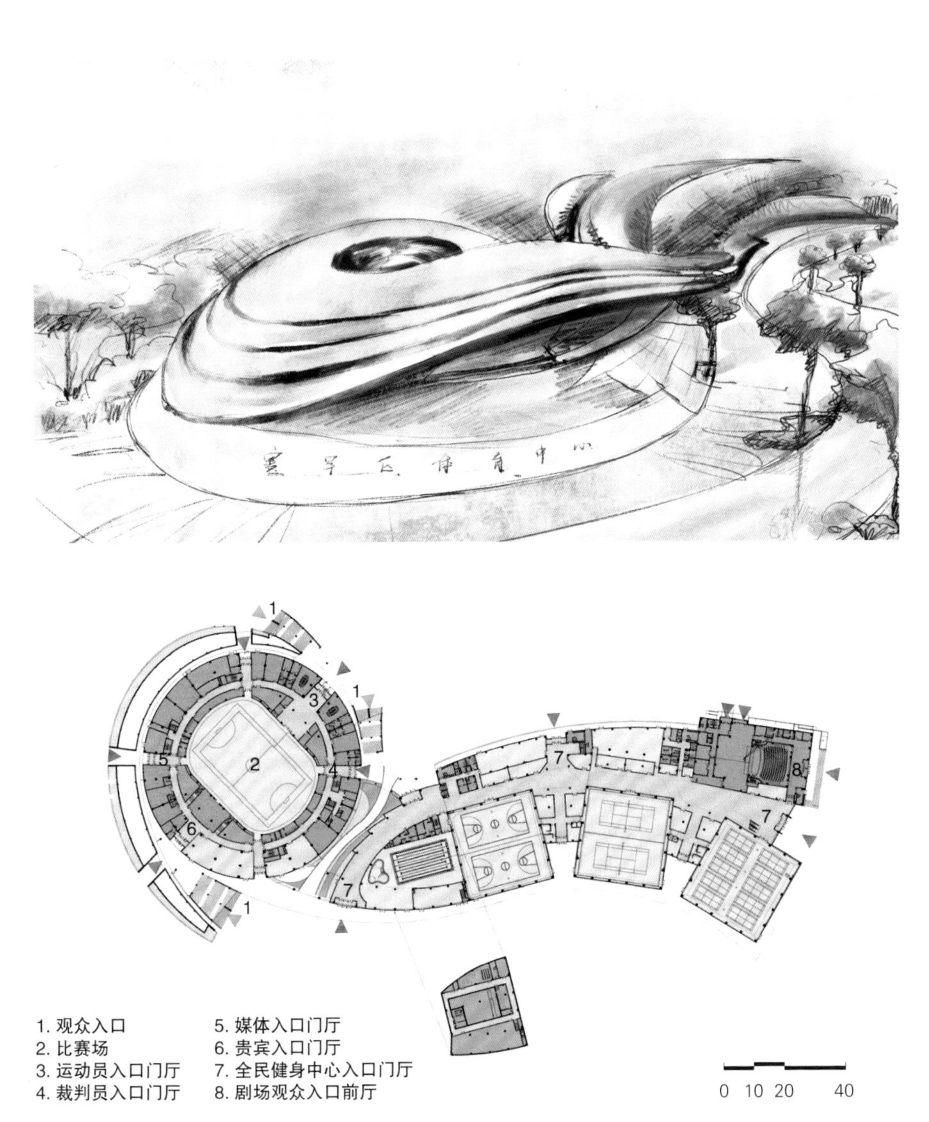

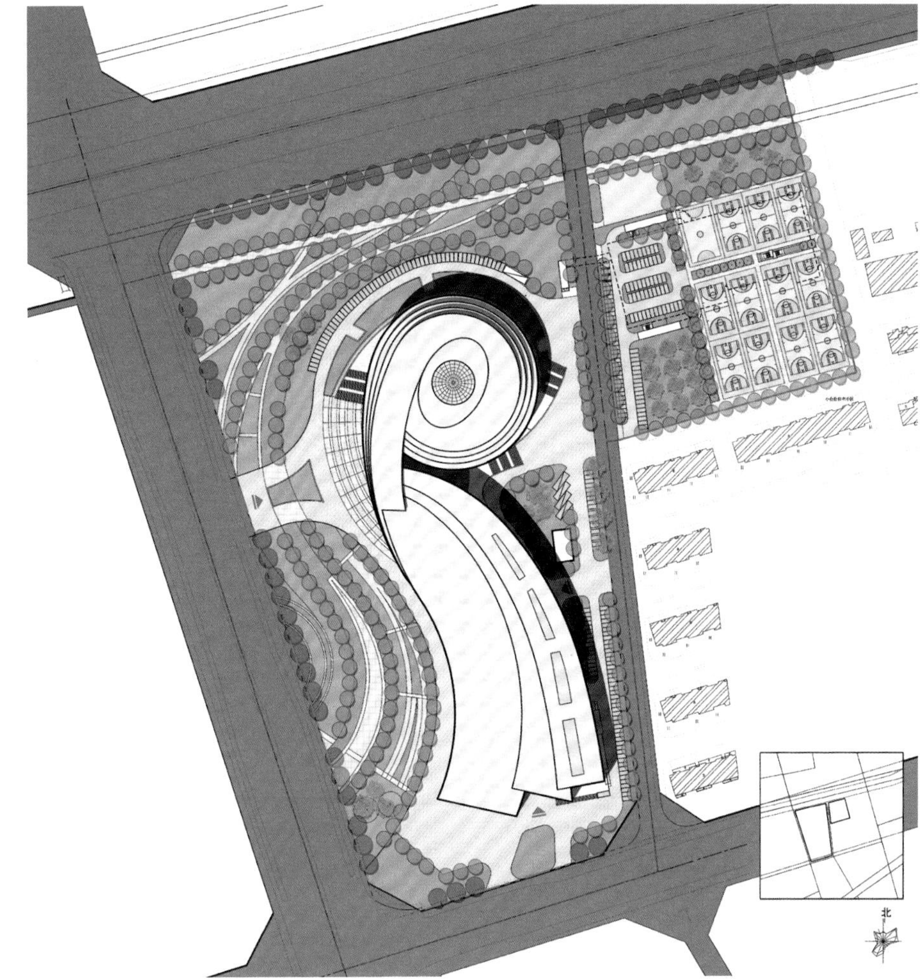

项目概况

呼和浩特市城南体育馆暨赛罕区全民健身中心为集体育比赛、全民健身、文化艺术展览、图书阅览、体育商业、休闲、餐饮于一体的综合性体育休闲文体中心。项目主要包含体育馆和全民健身中心两大部分，体育馆可满足五人足球、手球、篮球、排球、羽毛球、乒乓球等多种项目的体育比赛要求，同时兼具体育健身、体育商业、体育文化以及体育休闲功能。全民健身中心包含游泳馆、篮球馆、网球馆、羽毛球馆、健身馆、乒乓球馆、文化馆、图书馆及其配套设施。

方案设计饱含“赛罕”吉祥如意的内涵，汲取中华传统元素“如意”的概念，广义地传承了蒙元文化的外在美学。造型以灵动的线条顺应“如意”蜿蜒多姿之曲线，汲取“祥云”飘逸流畅之走势，将体育馆、全面健身中心和文化活动中心融为一体，形象完整统一，寓意“万事顺利，吉祥如意”。

绿色建筑设计策略

• 自然通风：全民健身中心面积、进深较大，建筑中部设置通高的中庭。在炎热的过渡季节，利用中庭组织自然通风，气流从外部流入被室内加热，从顶部排出，将室内多余的热量带走，同时将新鲜的空气带入建筑内部。

• 自然采光：体育馆顶部采用采光天窗将自然光引入室内，自然光的引入充分利用日光照明，降低部分照明用电负荷。

• 雨水收集：采用雨水入渗型地面，将屋面及地面部分雨水收集起来，经净化处理存入地下雨水贮水池，可供绿化维护等使用，以达到节水的目的。

• 外围护材料：外围护材料以玻璃幕墙为主，玻璃幕墙采用铝合金断热型材中空 low-e 玻璃，以确保达到节能要求。外墙的流线型百叶可作为遮阳百叶，漫反射室外的阳光，在保证白天室内足够采光的同时，减少室内球场眩光。

• 采用合理的空调系统，降低建筑能耗：根据使用功能划分空调系统和形式，以求运行的灵活性，设置新风热回收装置，排风经能量回收后排出，更好地达到节能减排、降低建筑能耗的目的。

渤龙湖体育健身中心

建设地点：天津市滨海新区高新技术园区未来科技城南区
设计时间：2016 年
用地面积：19 772 m^2
建筑面积：27 631 m^2
主体建筑高度：23.54 m

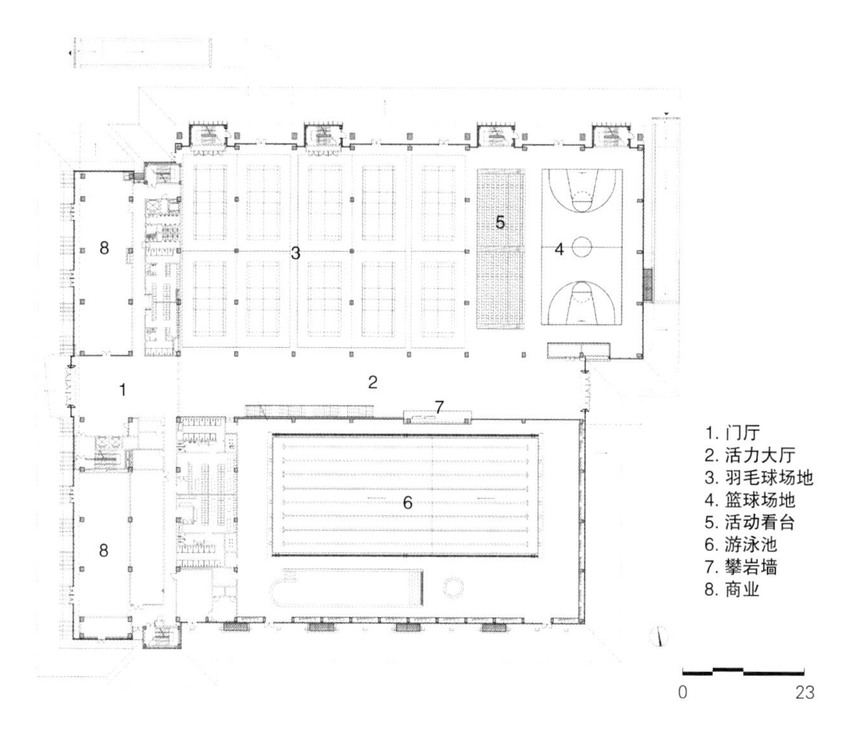

项目概况

建筑中引入“Sport mall”设计概念，使用者在馆内可以与相邻空间的使用者产生视觉上的互动，满足市民对于健身、社交和兴趣培养的多种需求，激发更多运动和交流的可能性。与此同时，体育建筑内融入商业空间的互动体验，构成了新颖的体育建筑空间。

运动模块：将满足多种运动需求的模块化场地设计融入 Sport mall 中：模块化设计以羽毛球场地尺寸为基本设计模数，极大地拓展了体育健身中心运营的灵活性，满足多数全民健身训练、比赛需求。

活力大厅：整个健身馆室内，通过中部通高的活力大厅连接所有功能。活力大厅首层设置有接待、餐饮、统一更衣服务以及攀岩区等。这里是整个服务体验的枢纽区，在活力大厅的不同标高可以看到分布在不同楼层的各个运动健身场所。健身中心南向的室外健身场地与临湖景观相结合，在室外场地上可以进行网球、慢跑、5 人制足球等多种健身项目。

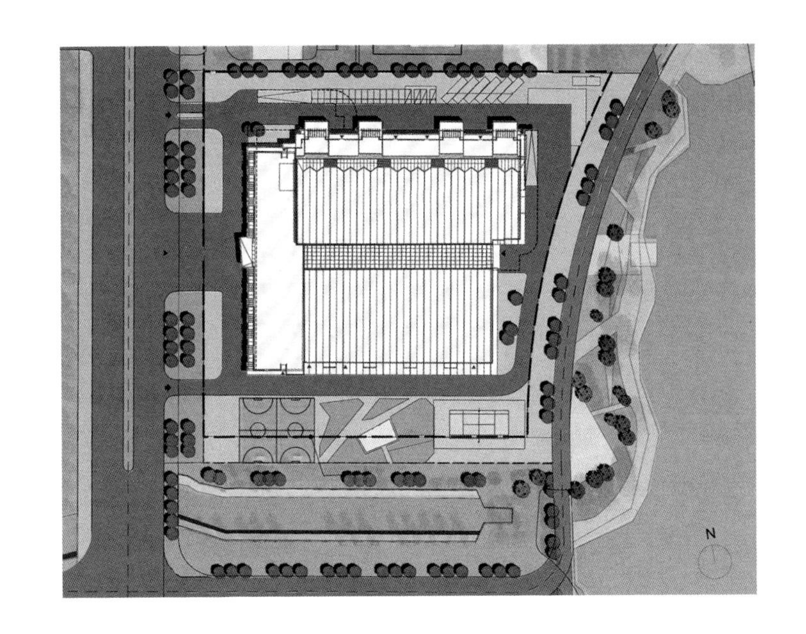

造型设计

主立面以灰白色系的铝单板和穿孔铝板为主。二层大厅顶部的天窗设计，将南侧的直射阳光通过弧形墙面反射导入室内，形成柔和明亮的漫射室内光环境；波浪形的折板屋面与 V 字形柱强化母题，相互呼应，呈现新颖别致的体育建筑形象。

云南艺术学院呈贡校区体育馆

建设地点：云南省昆明市呈贡区云南艺术学院校区
设计时间：2016 年
用地面积：19 280 m^2
建筑面积：19 280 m^2
主体建筑高度：21.5 m
观众席：3 000 座

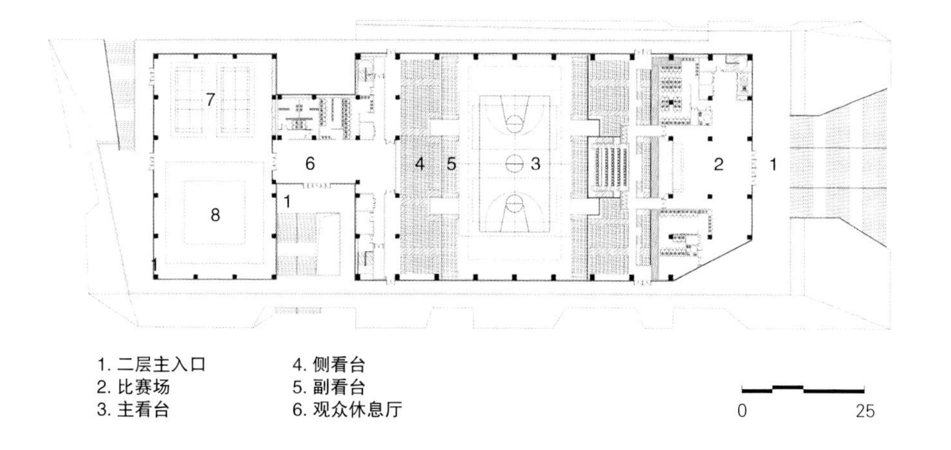

1. 二层主入口
2. 比赛场
3. 主看台
4. 侧看台
5. 副看台
6. 观众休息厅

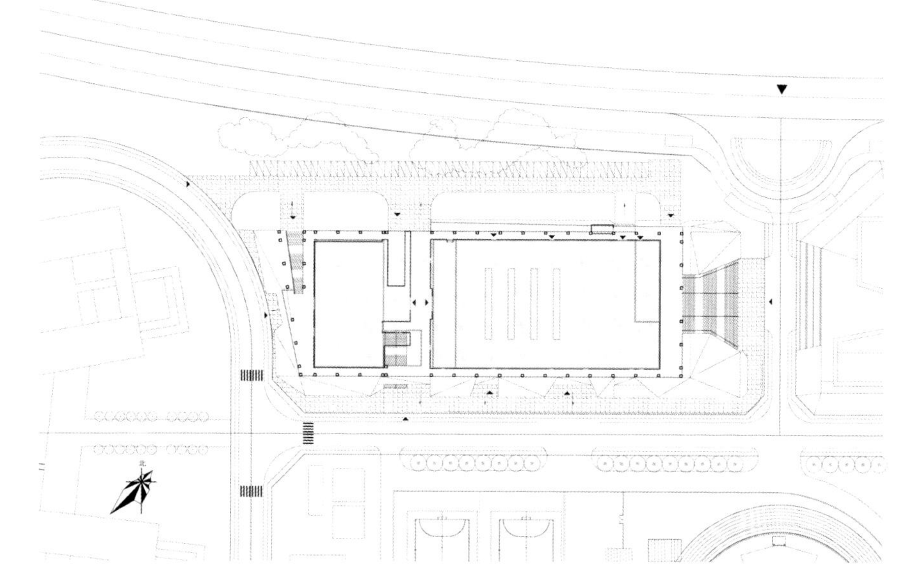

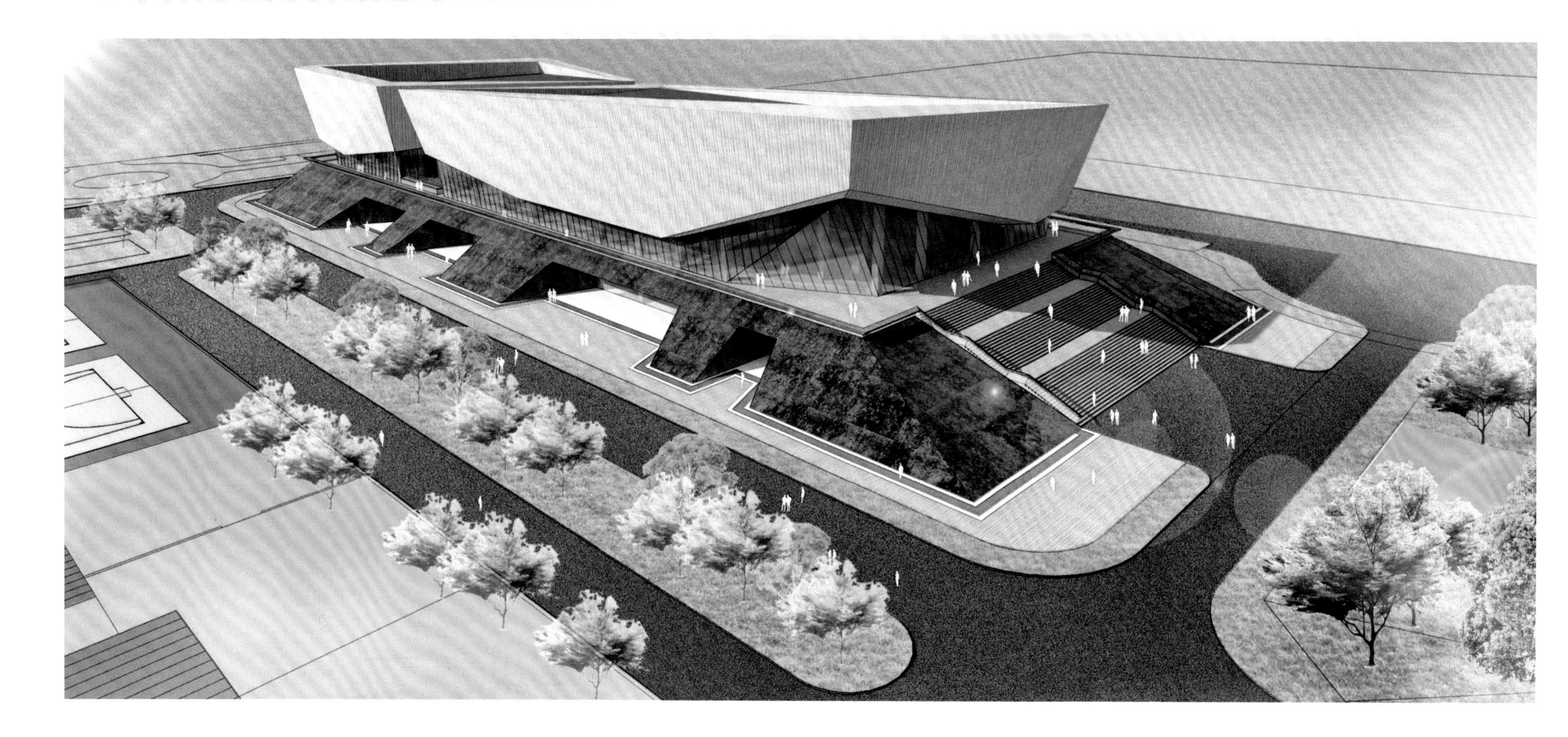

项目概况

体育馆分为比赛馆和训练馆两个场馆，通过二层大平台和门厅将两个不规则矩形相连通。比赛馆地下一层布置汽车库、人防、设备用房；首层布置竞赛管理用房、运动员用房、比赛场地、活动看台；二层布置观众休息厅及观看座席区域；三层布置设备用房。训练馆首层布置多功能馆；二层布置体操训练场地。

体育馆与其相关附属功能有机融合，功能布局灵活，分合有致。比赛场地用途多样，适应多种使用需求。交通组织合理，流线清晰，运动员流线及观众流线互不干扰。

建筑形象

造型设计简约突出，以两个简洁的体量诠释体育馆的整体造型，并与整体校园有机协调，两端上扬的趋势使其立体线条在不同角度体现体育馆的力量与灵动。

外立面统一采用金属穿孔板幕墙和玻璃幕墙相结合的手法，通过大面积的金属板切割组合形成开口丰富的立面效果，并在主要出入口位置与艺术学院教学楼相对应，形成入口仪式感，活跃校园的整体气氛。

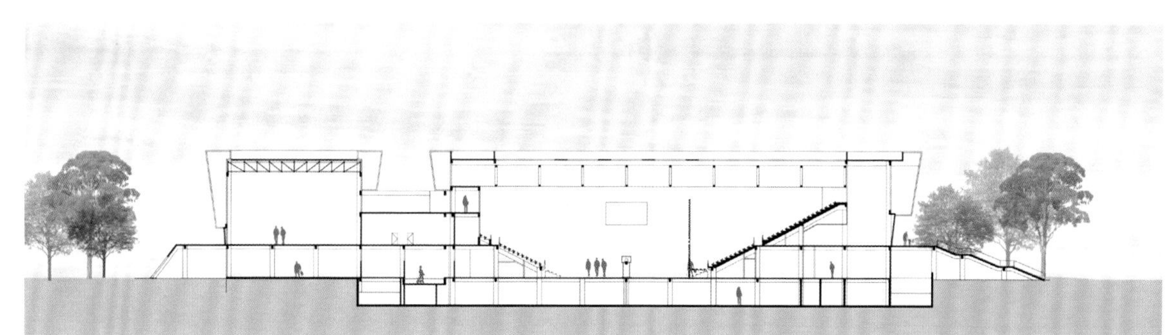

河北工业大学新校区体育馆、游泳馆

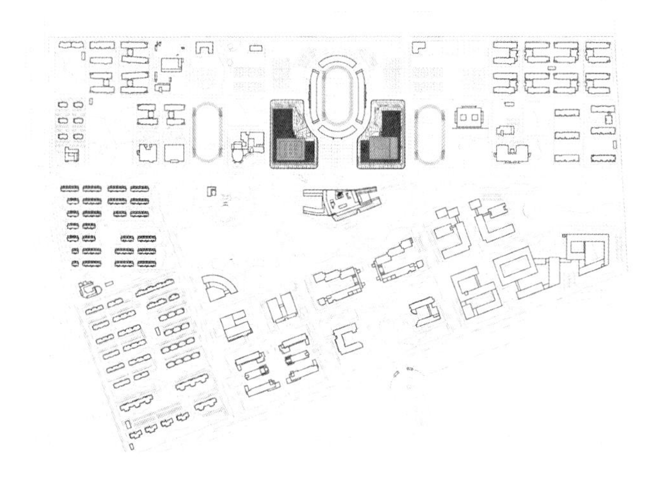

建设地点：天津市北辰区西平道 5340 号河北工业大学北辰校区
设计时间：2017 年
用地面积：22 500 m^2
建筑面积：28 000 m^2
主体建筑高度：24 m
观众席：6 000 座

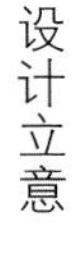

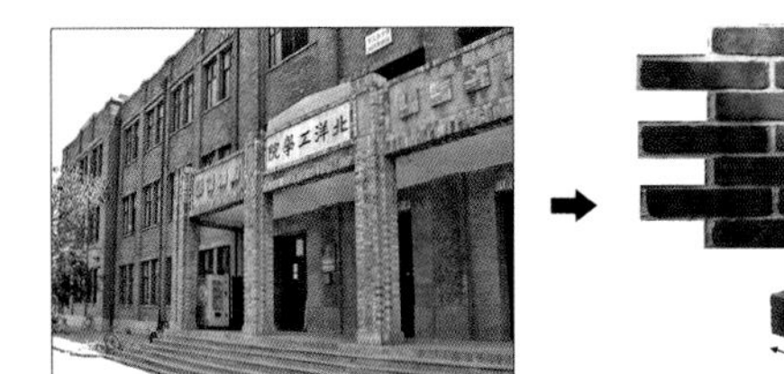

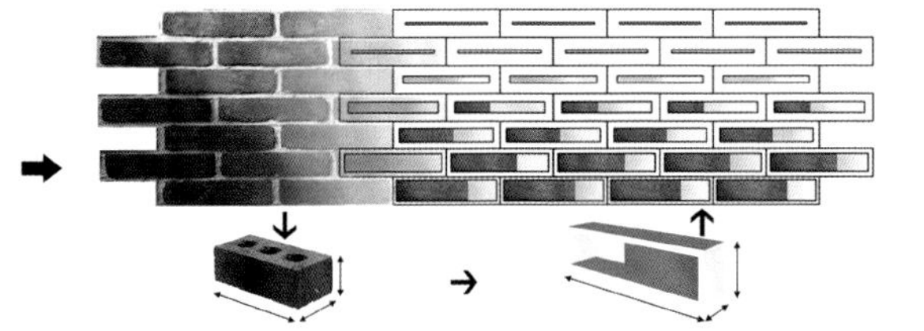

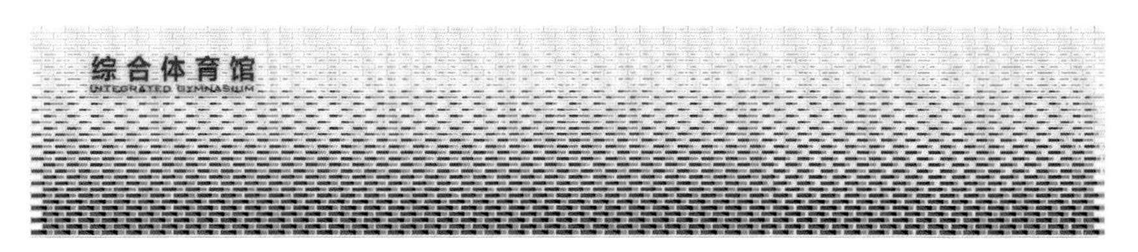

北洋工艺学堂保存至今的建筑材料以红砖为主，承载着校园厚重的历史和人文内涵。建筑表皮取自北洋工艺学堂传统的红砖肌理，通过对经典模数的提取，强调体育馆的理性与秩序，利用现代材料演绎别样的建筑肌理

项目概况

河北工业大学前身是创办于1903年的北洋工艺学堂，是我国最早培养工业技术人才的高等院校之一。为进一步完善校区功能，新校区体育馆与游泳馆项目应运而生。其中，体育馆建筑面积14 000 m^2，主体建筑高度24 m，可容纳观众席5 000座；游泳馆建筑面积14 000 m^2，主体建筑高度21 m，可容纳观众席1 000座。

体育馆与游泳馆建成后将成为联系东西校区的重要纽带，以绿色、开放、创新为主旨的规划与建筑设计，进一步完善了校园功能，提升了校园品质，开创了新的发展空间。

体育馆

主馆场地尺寸为 38 m×44 m，满足多功能场地需求。固定看台下的空间留有足够净高，赛时作为观众集散的主要出入口，平时用来布置羽毛球、乒乓球等运动场地，灵活运用空间，提升场馆的利用效率。赛时的热身场地同时布置两块篮球场并为其配备活动看台，方便日常使用。主馆的二层平台和副馆屋顶连接，形成完整的特色室外活动区域。利用副馆的屋顶平台设置下沉式篮球场，巧妙利用空间。

游泳馆

游泳馆的内部功能布局清晰合理，空间丰富，且兼顾赛时与平时使用功能。主馆标准比赛池和热身池设置于南侧。沿泳池西侧布置观众看台，其中二层部分为活动看台。平时活动看台收起，可以布置羽毛球、乒乓球等活动场地。东侧利用热身池上方空间布置乒乓球馆及篮球馆，充分提高空间使用率。副馆设置于北侧，包含篮球馆、乒乓球馆、跆拳道馆、健身房等多种运动场地。主馆与副馆之间通过首层共享大厅等多样灵活空间连接，共享大厅东西两侧入口作为建筑主入口，方便师生到达各活动场馆。赛时作为运动员检录大厅，赛后成为场馆的主要门厅，并在其中添加室外庭院，丰富空间。

主馆与副馆在二层通过屋顶平台相连，精心设计的屋顶绿坡、庭院和慢跑步道与体育馆特色运动场遥相呼应，并通过开敞的屋顶前厅联系室外与室内。这种慢跑步道为师生们提供了层次丰富、角度多样的运动体验，成为运动风景的一部分。

北洋工艺学堂保存至今的建筑材料以红砖为主，承载着校园厚重的历史和人文内涵。体育馆与游泳馆的建筑表皮均取自北洋工艺学堂传统的红砖肌理，通过对经典模数的提取，运用先进的参数化处理，融入水波纹的元素，为建筑增添一份活跃与灵动。

综合游泳馆
COMPREHENSIVE NATATORIUM

东山全民健身中心

建设地点：甘肃省甘南藏族自治州合作市
设计时间：2017 年
用地面积：39 850 m^2
建筑面积：24 215 m^2
主体建筑高度：16.2 m
观众席：960 座

精神世界哲学观

中心广场意向图案：佛教中的曼陀罗

物质世界草原特色

建筑形象意向：安多藏区牦牛毡房

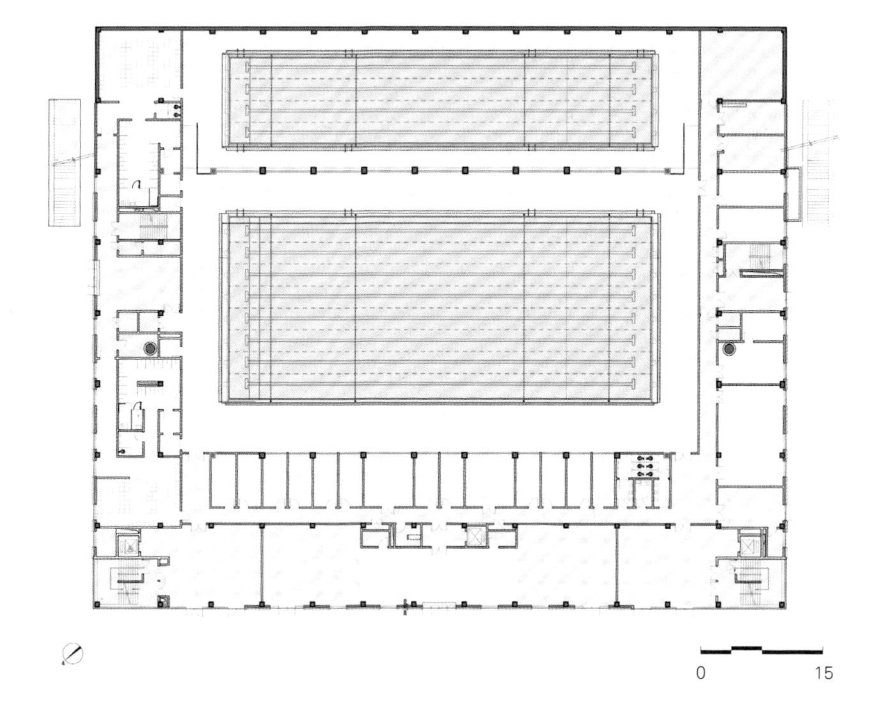

项目概况

东山全民建身中心由环城东路划分为东西两区，本次建设东区游泳馆、滑冰馆以及配套商业设施，三座场馆沿环城东路以曼陀罗主题中心广场为核心分布，结合西区既有场馆，组成完整的体育建筑组群，其中游泳馆建筑面积 8 580 m^2，观众席 690 座；滑冰馆建筑面积 7 650 m^2，观众席 270 座。

在场馆的功能设计中，注重一场多用、一馆多能、平赛结合。

游泳馆：游泳馆以群众健身为主，兼具比赛、训练功能。首层设置 8 道 2 m 深比赛池，以及 4 道 1.35 m 深的热身池，满足正式比赛要求。利用泳池成品垫层搭台，调节池深，满足休闲健身、儿童娱乐等多种使用功能。二层主要为体育培训教室和管理办公用房。

滑冰馆：滑冰馆以健身、训练为主要功能，内场通过面层置换，兼顾体育训练、全民健身、展览卖场等多模式运营，提升场馆价值。二层设置健身中心。

建筑造型

建筑造型汲取安多藏区毡房形象，体现甘南藏区的草原特色。

帷幕采用白色半透 PTFE 膜，映衬着草原的蓝天白云，突出建筑的灵动感与通透性。主体采用粗糙装饰混凝土，犹如风化的岩石从草原大地上生长而来，彰显体育建筑的力量感。白天，以群山作为背景构成既具有标识性和现代感的城市雕塑；夜晚，通过色彩变换的灯光照明呈现建筑饱满的姿态，营造绚丽多彩的城市景观。

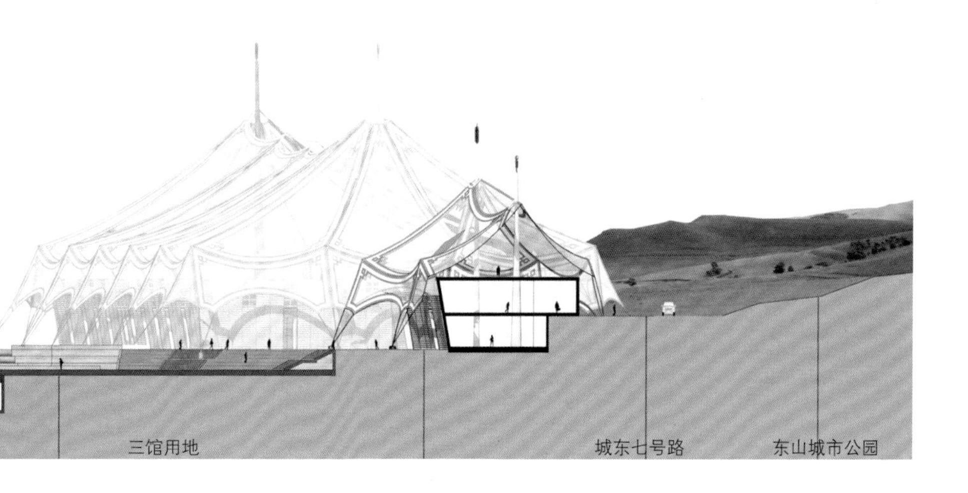

西安体育中心

建设地点：陕西省西安市国际港务区
设计时间：2017 年
用地面积： 753 000 m^2
建筑面积：253 000 m^2
主体建筑高度：60 m
观众席：102 000 座

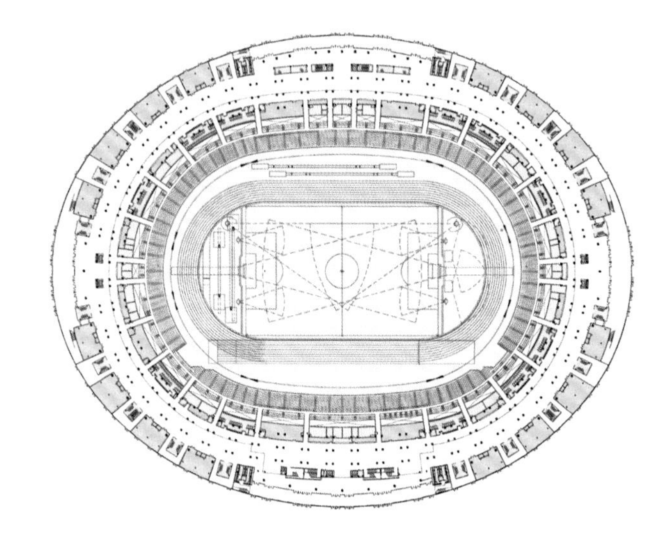

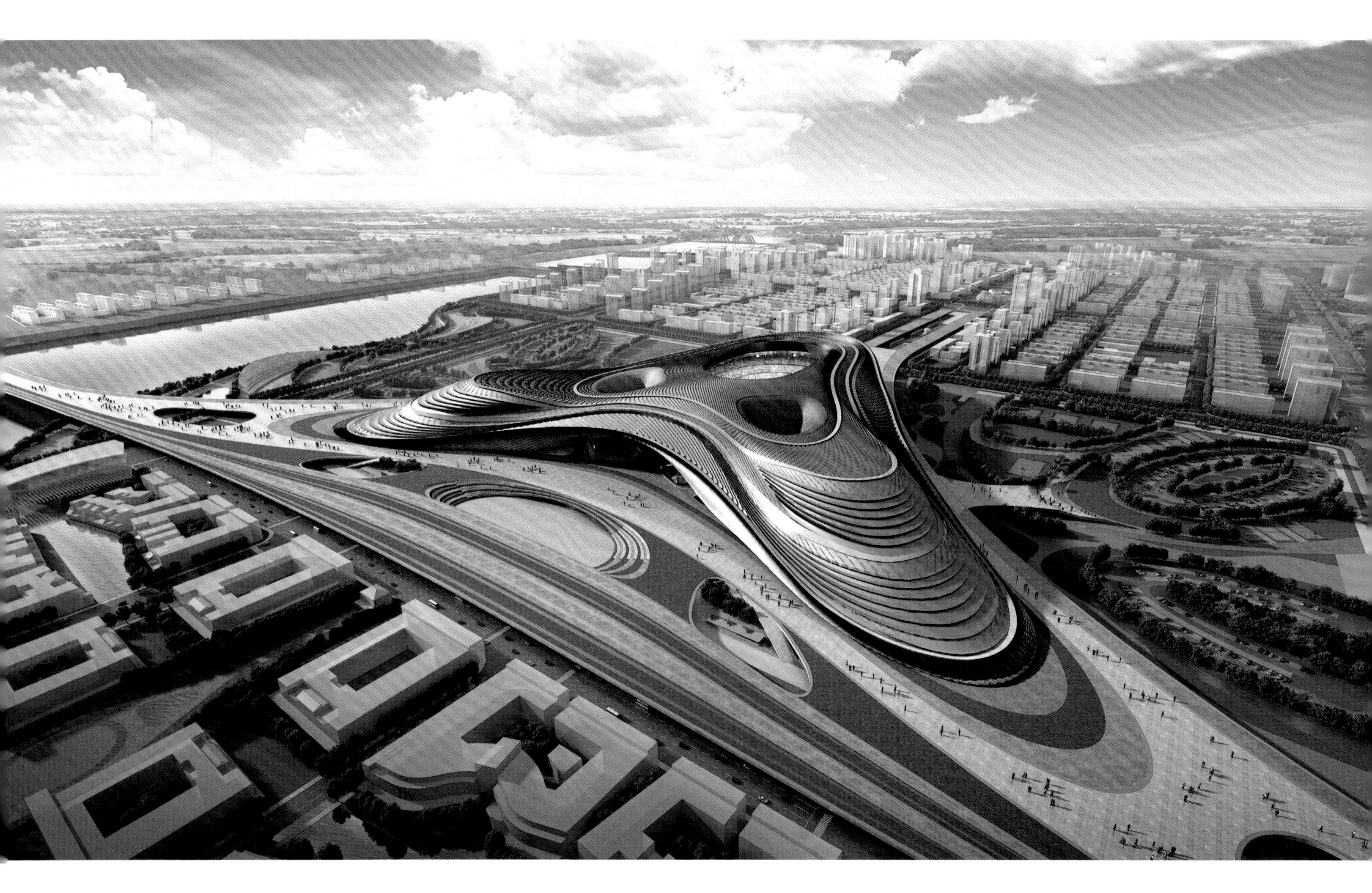

项目概况

“丝路”，蕴含着丝绸之路上包容互鉴的精神，一场两馆以“丝路”为母题，聚零为整，其气势磅礴的体量犹如一条横跨历史与未来、沟通传统与创新、衔接自然与人文、连通新城与老城的纽带。“飞雁”，是西安这座雁塔之城的符号和缩影，网球中心以“飞雁”为母题，决赛馆位于建筑中央，两个半决赛馆分设两翼，整体犹如展翅欲飞的大雁，象征着竞技体育追求更高、更快、更强的宗旨与精神。

一场两馆——延续城市脉络的总体布局

一场两馆基地位于西安国际港务区竞赛规划的主轴线上，是整片规划区域内的焦点所在。共包括一座体育场、一座体育馆、一座游泳跳水馆，以及酒店和配套商业。三座场馆呈品字形布局，覆盖在一片连绵起伏的屋盖之下。其中观众席：体育场 60 000 座，体育馆 18 000 座，游泳馆 4 000 座；体育馆紧邻西侧住宅组团，便于赛后对市民开放。游泳馆与西侧水上运动中心相呼应。两馆在基地南侧形成门户空间，主体育场位于南北轴线中央，形成底景。基地内的景观绿地与室外运动场地紧密联系，共同形成了充满生机的体育公园。

1. 网球中心
2. 体育场

科学合理的赛事功能

在功能布局上，以赛事需要及体育工艺为导向，科学合理布局一场两馆的功能及流程，使场地规格及各项物理条件全面满足国际比赛标准和有关技术规范。体育竞技、观众集散、新闻发布、贵宾接待等赛事运行所需各项功能，分区明确，便捷高效。在看台整体设计上，在垂直层面及水平层面对看台进行区域划分，各区域对应观众疏散口均快速可达，提高观众集散效率。

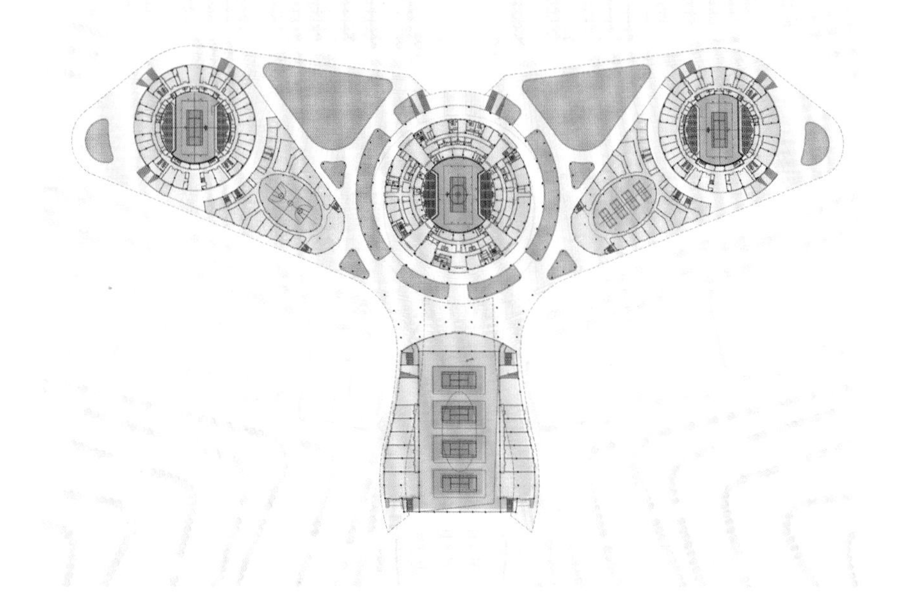

网球中心

网球中心基地位于一场两馆用地东北侧，主要功能包括一个决赛馆和两个半决赛馆。网球中心用地面积为 333 000 m^2，建筑面积为 87 000 m^2；决赛馆拥有观众席 15 000 座、半决赛馆有 5 000 座。

集约高效的功能布局　形象生动的开启屋面

网球中心场馆群呈一字形布局位于场地北侧，决赛馆居中，两侧为半决赛馆。场地南侧集中设置向市民开放的“飞雁广场”，其设计手法呼应主体建筑风格。网球中心决赛馆开启屋面的设计灵感同样来自大雁翅膀的开合。开启屋面采用主桁架旋转方式，完美展示了大雁振翅欲飞的姿态。开启屋盖桁架间采用上下双层的半透明 ETFE 膜防水柔性材料连接，形成空气隔层且透光防水，更加有利于建筑的节能。

平赛结合的新模式

网球中心赛后可以灵活转换为其他各类体育赛事的综合场馆，也可为各种汇演提供场所。本案结合城市设计中的配套需求，将服务周边区域的综合服务中心与本案结合设计，为区域提供文化、商业、餐饮、体育、健身等多功能服务，极大提高了周边市民的生活品质。

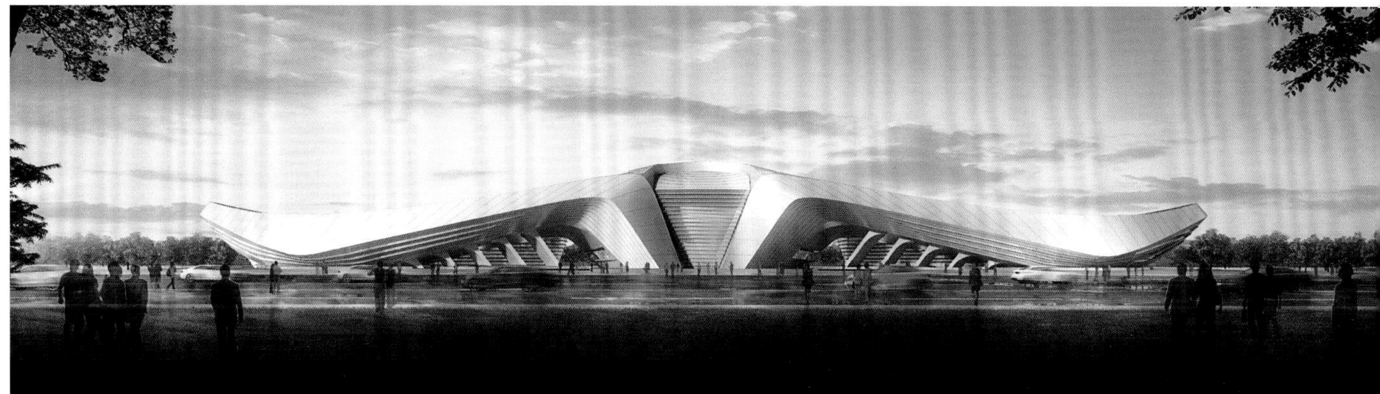

无锡市惠山区体育中心

建设地点：无锡市惠山新城区
设计时间：2004 年
用地面积：46 017 m^2
建筑面积：14 050 m^2
主体建筑高度：24 m
观众席：3 340 座

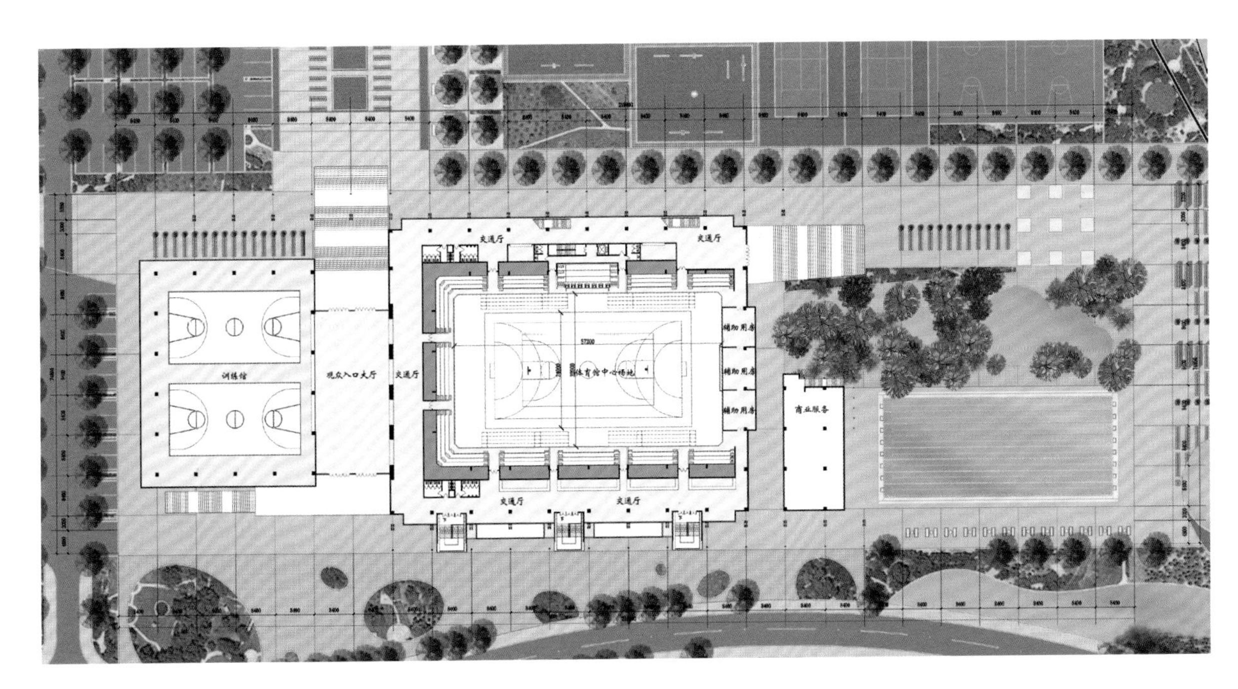

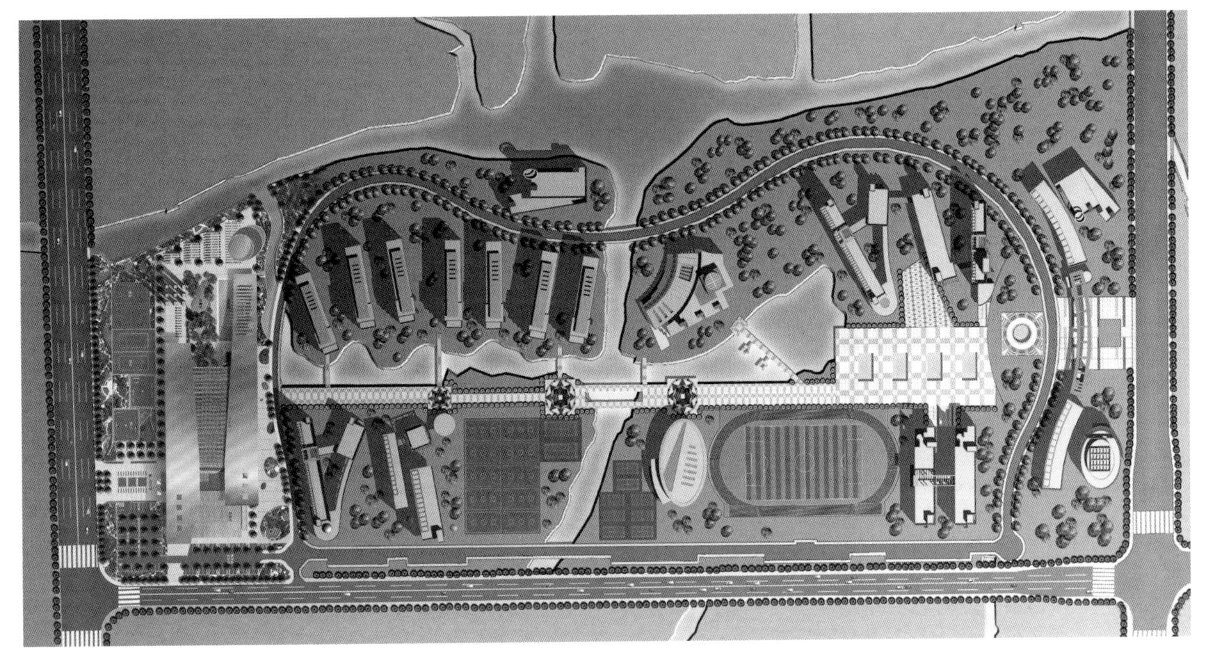

项目概况

体育中心包含体育馆、训练馆和游泳池。体育馆场地能满足手球、篮球、排球、乒乓球、羽毛球、击剑、武术、摔跤功能需求。室外设置 8 泳道 50 m 标准游泳池。

总体布局

体育中心综合主体呈线形布局，与南侧锡山高级中学相呼应，增强空间与功能上的联系。同时避免大体量建筑对城市的压迫，为城市环境提供良好的视觉景观。

基地北侧堰新路和体育馆之间的广场区域作为过渡空间。主入口在满足城市规划要求下，尽量靠近西环路，并自成轴线，轴线左侧为绿化景观围合的停车场，右侧为包含门球、网球和篮球等活动场地的体育公园。

建筑造型

金属波浪状的屋面与立面融为一体是建筑的突出特色。整个建筑以体育馆为核心，训练馆和游泳池分至两侧，覆盖在波浪形屋面下，给人以飘逸感。训练馆上空形成开放的空间格局，体育馆和游泳馆之间形成收放的空间格局，延续了锡山高级中学的视线长廊，形成新的景框和节点，与城市环境对话。

金属与玻璃交相辉映，波浪曲线的屋面造型，如微风过后波光粼粼的湖面，成为城市中重要地标。

multim

北京科技大学体育馆

建设地点：北京市海淀区学院路北京科技大学内
设计时间：2005 年
用地面积：25 900 m^2
建筑面积：23 910 m^2
主体建筑高度：24 m
观众席：7 960 座

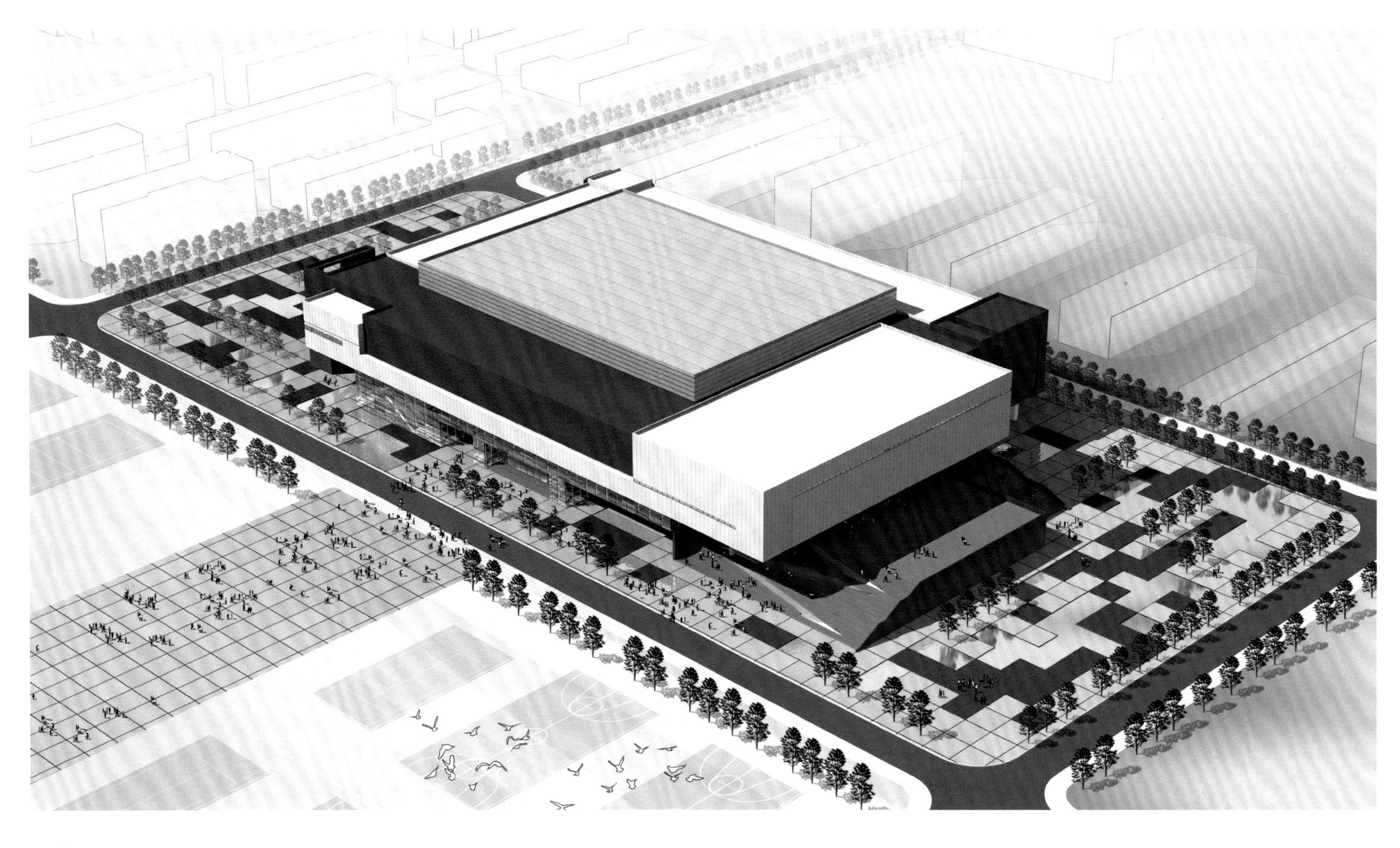

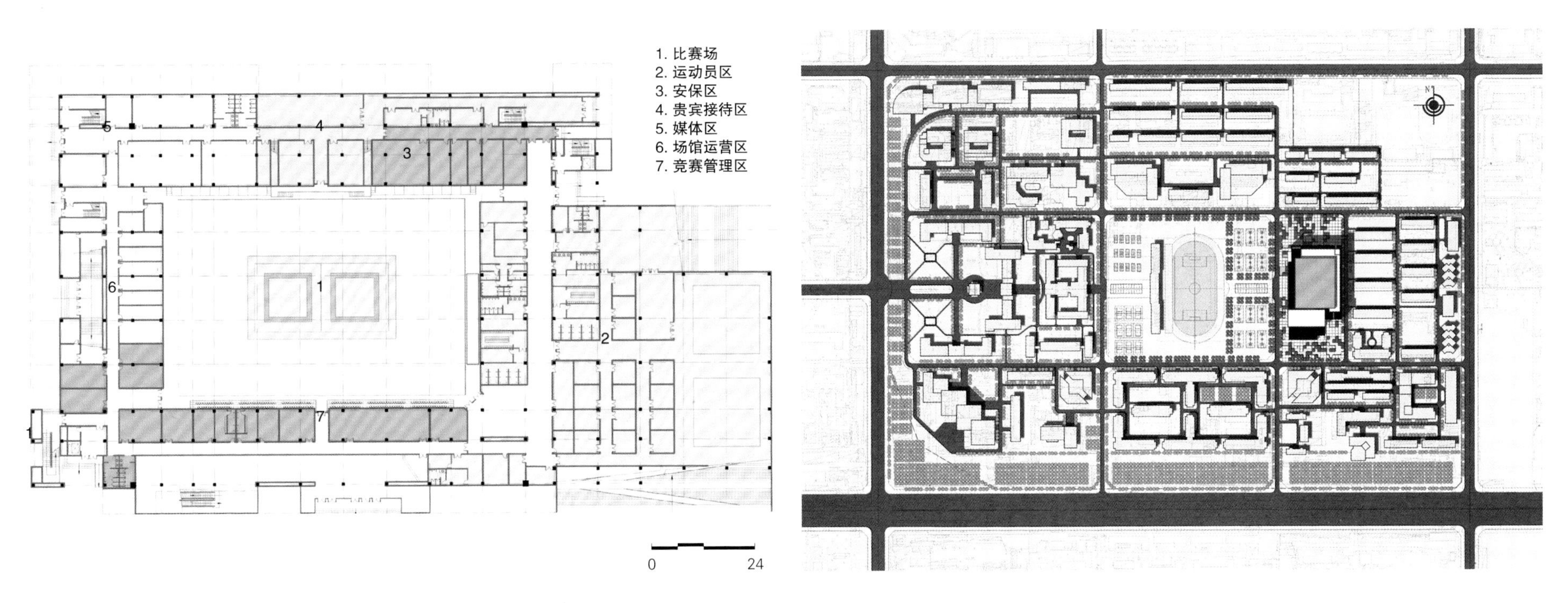

项目概况

北京科技大学体育馆设计构思可以归纳为“纹枰论道”，其中的“道”就是体育馆单体的构思基点，也是对柔道、跆拳道中“道”的诠释。体育馆由材质不同的白色混凝土和黑色花岗岩构成的两种型体盘绕生成，两种体量似两条运动的纽带穿插交汇，融为一体。虽然每一种体量都可自成一系，但合为一体又如环之无端，浑然一体。

场地选型充分考虑作为大学体育馆以及赛后多种功能结合的需求，设置 70 m×40 m 比赛场地，确保体育馆最大的灵活性，满足承办柔道、跆拳道等大型室内体育竞技赛事的需求，也可举办室内体育比赛、教学、训练、健身、会议及文艺演出活动。

四川省眉山市体育中心

建设地点：四川省眉山市岷东新区
设计时间：2005 年
用地面积：176 105 m^2
建筑面积：190 000 m^2
观众席：44 000 座

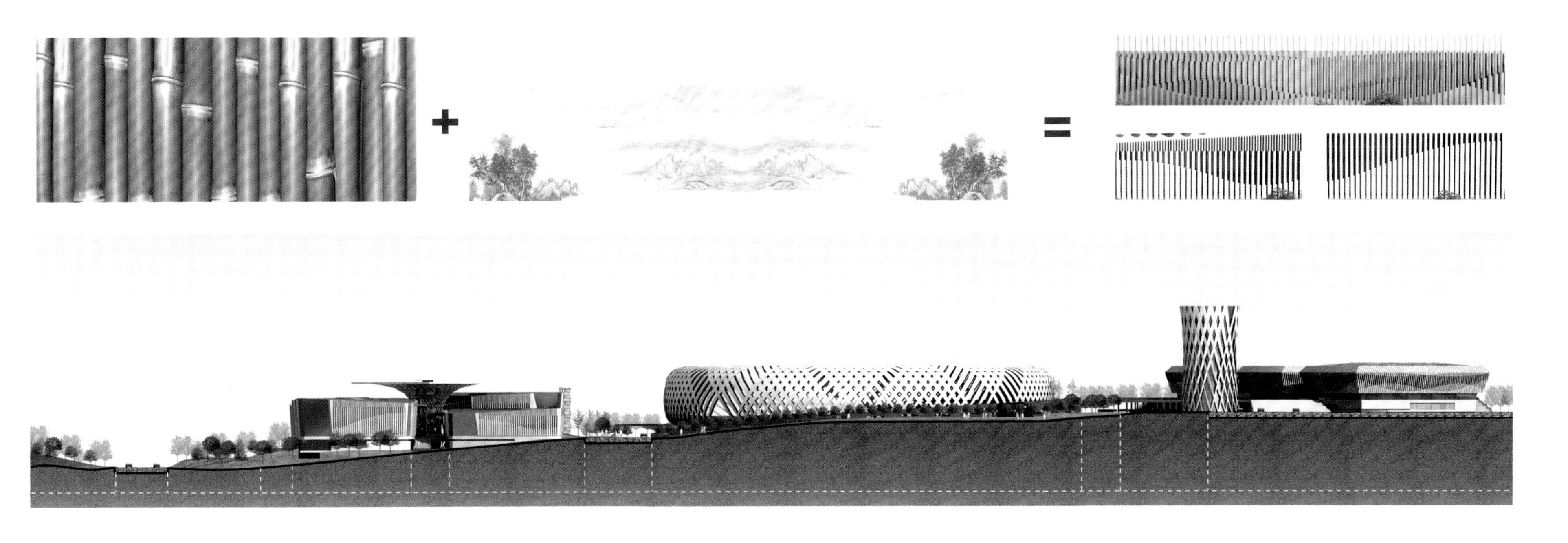

项目概况

眉山市体育中心以“山水诗城”作为设计主题，将建筑场所与灵动的山水、豪迈的诗词意境相结合，融入绿色可持续的设计理念，创造融入自然及人文环境的城市公共空间。建筑形象结合山水诗城主题与当地传统竹文化，富有地域文化特质与内涵。

体育中心设计内容包括体育场、体育馆、游泳馆、乒羽馆、网球馆、健身馆、地下停车库及运动员公寓。其中体育馆建筑面积 20 000 m^2、游泳馆 13 000 m^2、乒羽馆 10 000 m^2、网球馆 10 000 m^2、健身馆 4 000 m^2、运动员公寓 7 000 m^2。根据场地高差较大的特征，将大体量的体育场放置于场地中央的下凹区域，形成体育中心的视觉中心。场馆之间以绿化运动公园、室外健身场地联系，将绿色空间注入空间环境内部，健身场地可与场馆方便地联系，满足赛时热身及平时需要。

体育场设置为椭圆形，可容纳观众 35 000 人。建筑设置于场地中心下凹部分，形成天然的内部赛场。通过对场地的局部处理，以延续的景观墙面对建筑形成包裹感，划分高差空间。

体育馆设置于沿街部分，对城市及广场形成标志形象，设置 7 000 观众席，功能除满足比赛需求，同时满足各种商业演出、展览活动。

健身馆位于平台下部，临近体育馆，方便赛时热身需要。

游泳馆设置于平台中央，设置 2 000 座席，设置标准竞赛泳池及热身池，及辅助游泳俱乐部等以满足公众平时使用。

乒羽馆与网球馆结合设置，下部满足乒羽活动需求，上部满足网球赛事功能。

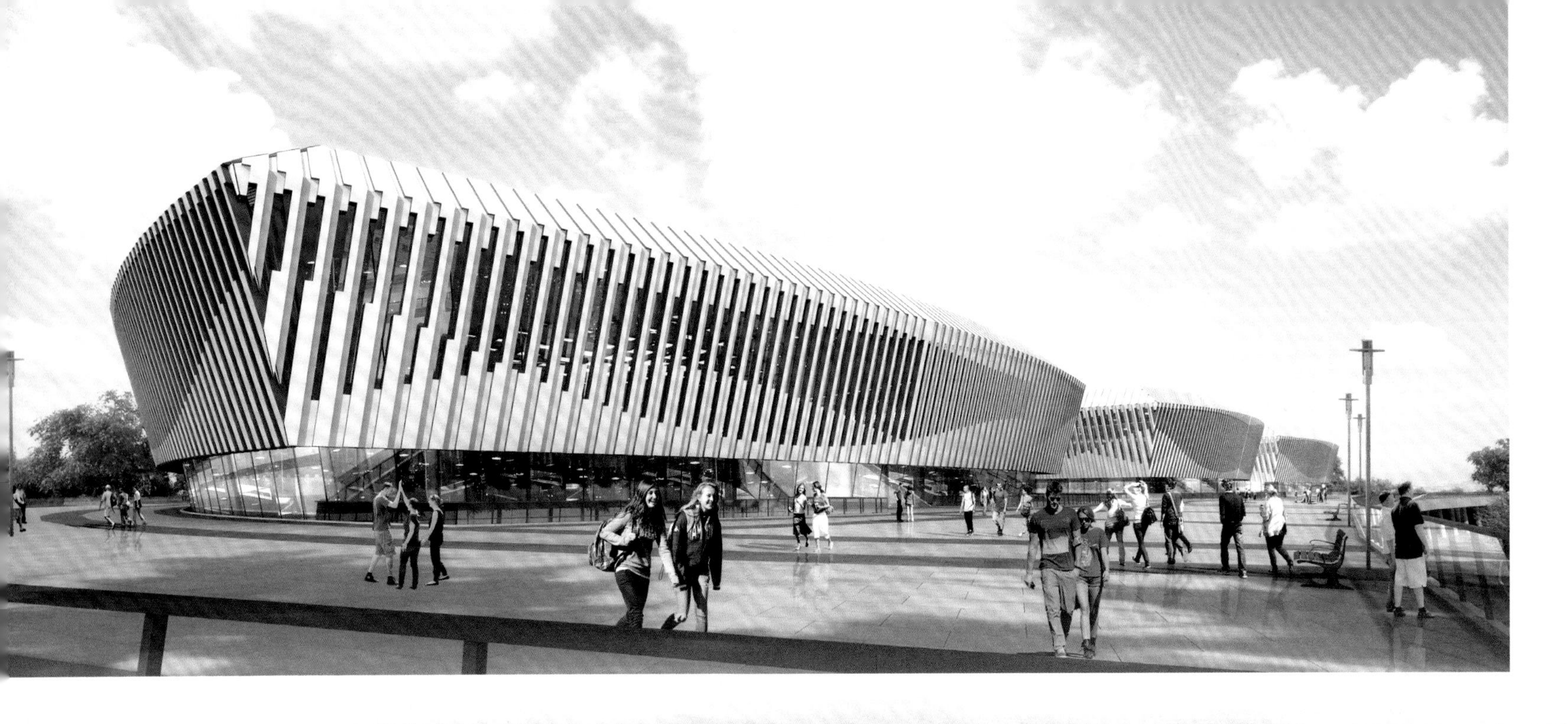

马鞍山郑蒲港新区文化中心、奥体中心

建设地点：安徽省马鞍山市郑蒲港新区
设计时间：2013 年
用地面积：163 000 m²
建筑面积：23 910 m²
主体建筑高度：25.2 m

设计立意

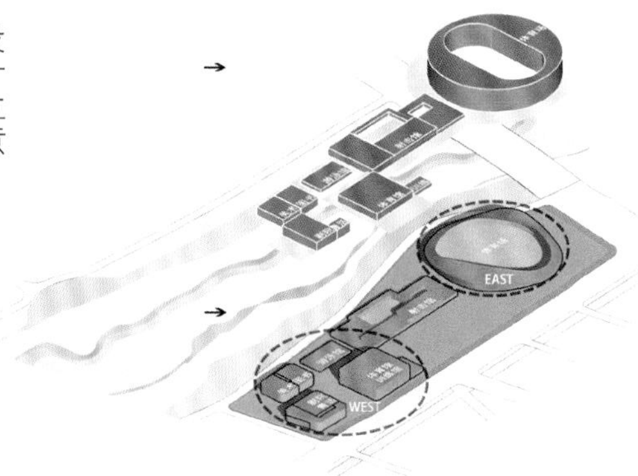

创新整合功能布局，依聚集效应划分形成东西组团

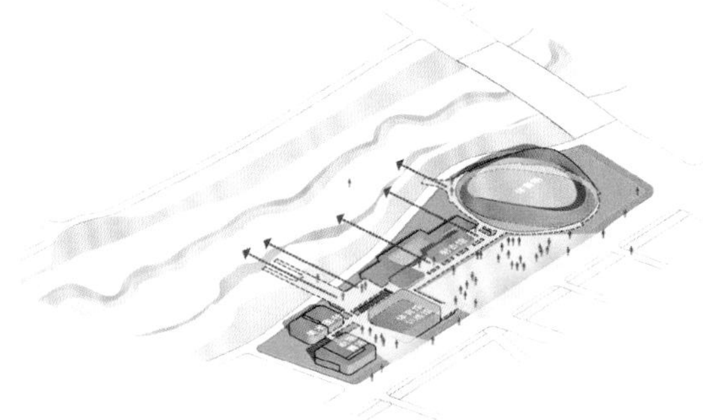

架空的景观平台如流水般贯穿其间，既形成了开阔的城市广场，又丰富了景观视野

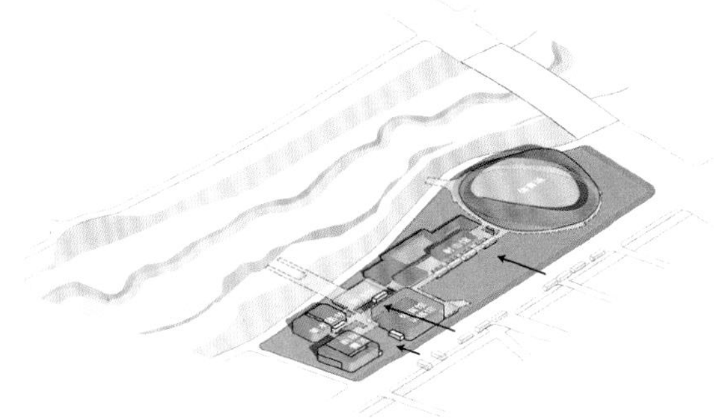

随之引入休闲模块，形成功能复合、体系完备、引人入胜的城市中心

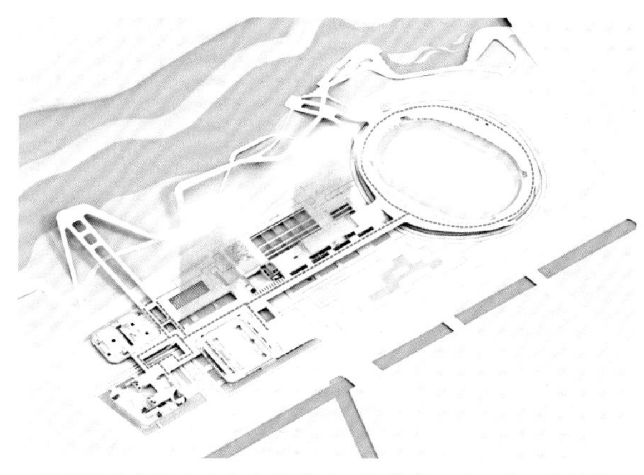

景观平台将各个建筑有机联系，提供遮风避雨的人行流线

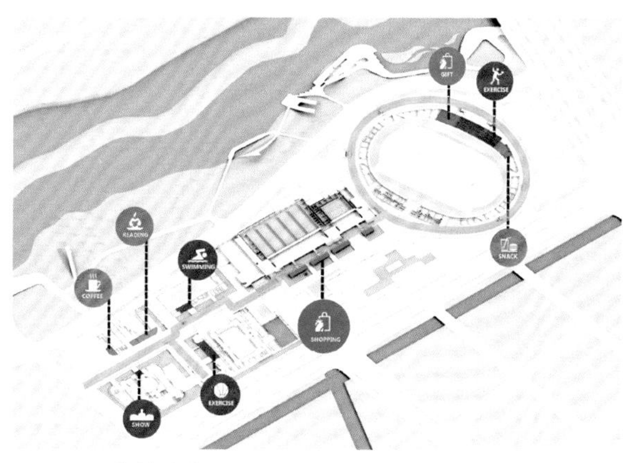

两侧结合休闲功能布局，活跃气氛，聚集人气

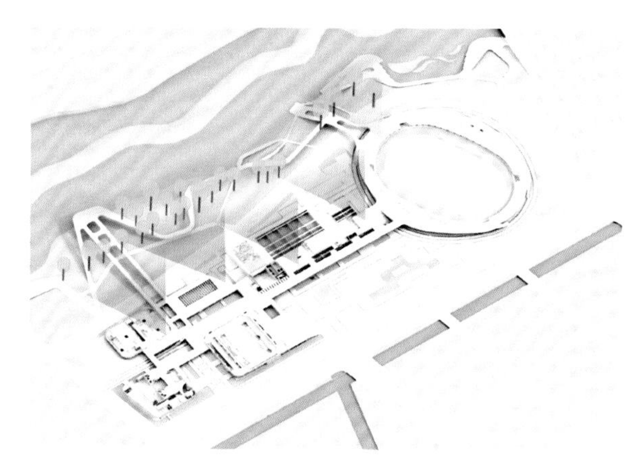

通过平台提高视线，将广场与沿河景观引入场地

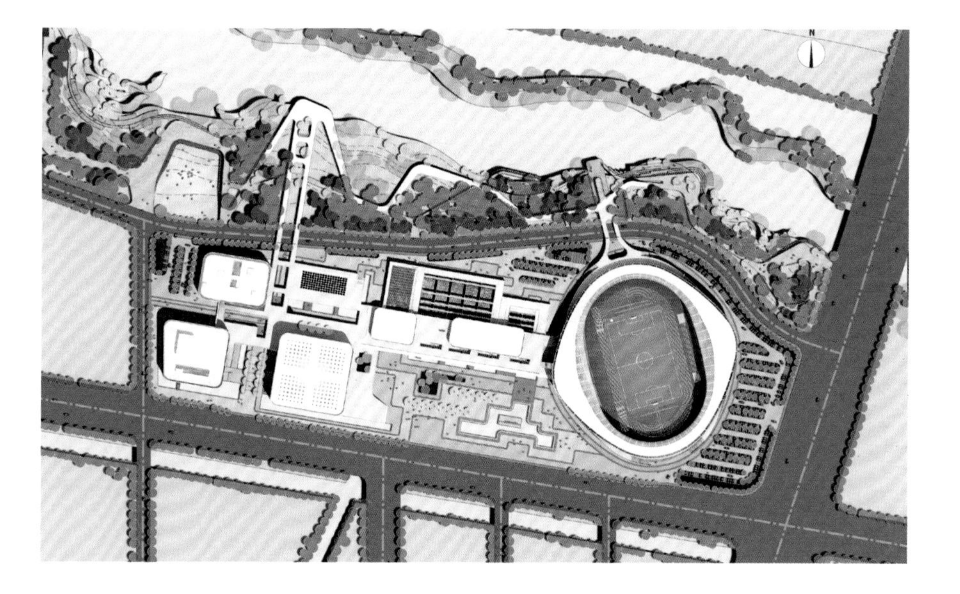

项目概况

项目规划于充满活力与机遇的城市新区，拥有便利的交通条件和丰富的景观资源。项目包含奥体中心（体育场、体育馆、游泳馆、击剑兼训练馆、射击馆）与文化中心（美术馆、图书馆、多功能小剧场、青少年活动中心）两大功能。

设计构思

设计着力解决三个主要问题：有限的基地与大量建筑功能设施之间的矛盾；场地低洼地形与景观视野之间的矛盾；专项场馆的运营与区域活力之间的矛盾。

创新整合功能布局，依聚集效应划分形成东西组团。东侧组团以体育场为主；西侧组团综合布置体育馆、游泳馆、击剑馆及文化中心建筑；射击馆联系东西两个组团，并形成气势宏大的市民广场，在有限的基地内形成两组团、一广场的建筑布局模式。

创新整合交通模式，在射击馆、击剑馆和游泳馆上设置景观平台，将各个建筑有机联系，同时提供遮风避雨的人行流线，立体交通模式优化建筑出入口布局，将公共开放区域立体化、最大化，通过平台提高视点，将广场与沿河景观引入场地，获得更加开阔的空间效果。

充分考虑建筑运营，景观平台两侧引入休闲功能模块，平台之上布置特色活动区域，形成功能复合、体系完备、引人入胜的城市中心，提高区域人气与活力。

设计立意“水映莲影”

源于城市悠远的历史文化。建筑整体形象现代简洁，通过立面构件尺寸与色彩的规律变化，展现如“丹秀流霞，水映莲影”般光影变幻的诗意景象。

积极利用可再生能源和建筑节能技术，使项目符合国家绿建评价三星标准，体现绿色建筑的理念；对体育场、体育馆和游泳馆的结构与建筑进行一体化设计，充分展现设计的广度与深度。

adidas
CANAL+

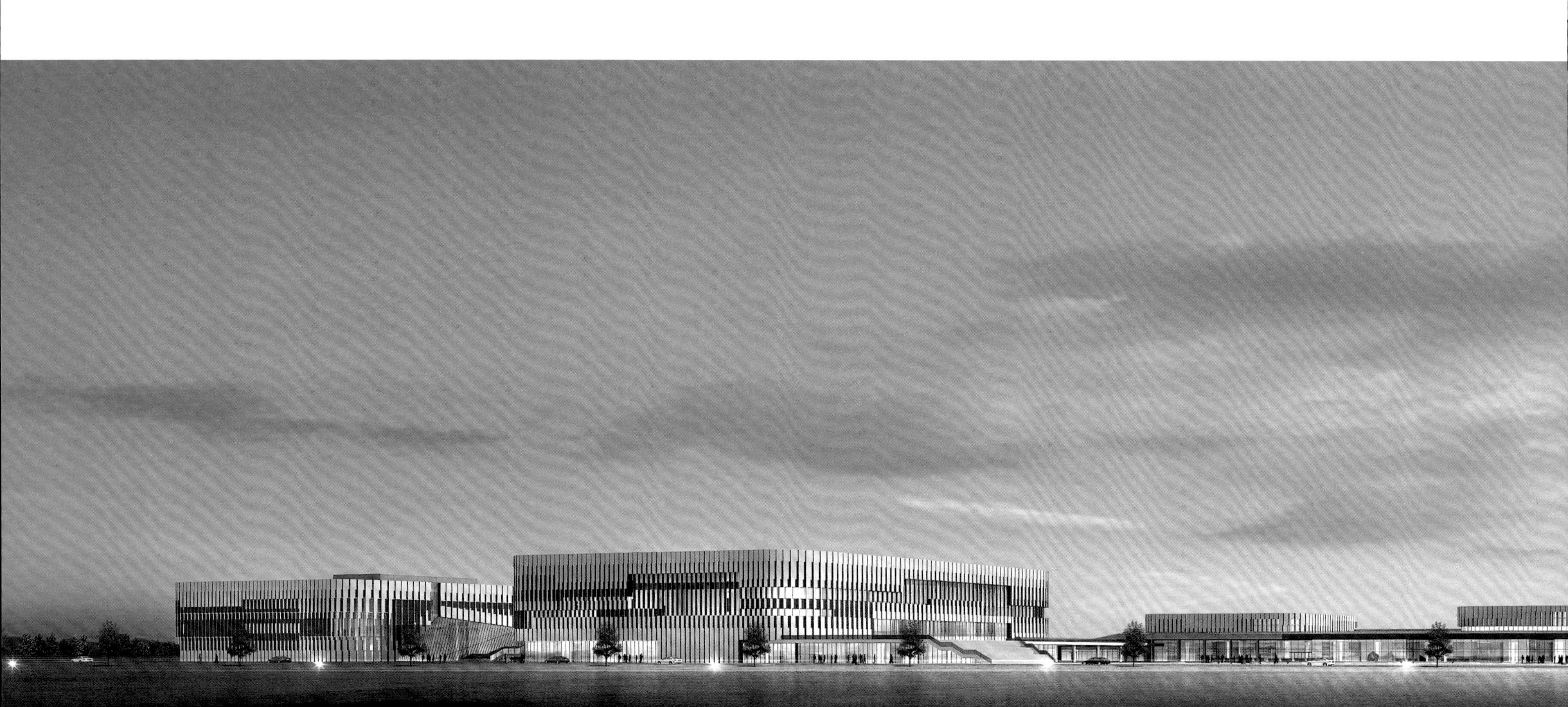

FIFA.com
VISA
SONY
KIA
adidas

广州大学城二期中心区体育场

建设地点：广州市番禺区小谷围岛广州大学城内
设计时间：2010 年
用地面积：97 000 m^2
建筑面积：39 000 m^2
主体建筑高度：45 m
观众席：50 000 座

项目概况

广州大学城距广州市新城区约 17 km，四面环水，自然景观优美。大学城共分两期进行实施，一期建筑群体已完成，本项目为二期工程，位于信息与体育共享区，设计内容包括一座大型体育场及一个田径训练场。

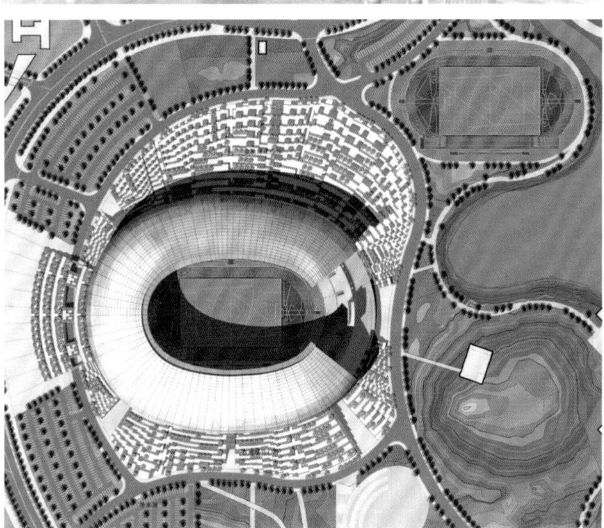

总体布局

充分利用基地特有的高差起伏，局部进行土方量平衡。形成由周围道路向中心体育场缓缓升起的坡地绿化集散广场，结合星星点点散落的灯光与休闲小品形成极有个性的体育公园。坡地绿化广场从中心基地四周道路以不同标高缓缓起坡，自然到达体育场二层主入口。

标准田径训练场位于中心基地的西南侧，足球场 105 m×68 m，周边缓冲 2 m，田径比赛 400 m 标准跑道，最小弯道半径 37.5 m，8 道塑胶跑道，10 道直道。

建筑设计

体育场的顶部以简洁、利落的曲线造型彰显美感。屋顶造型不仅反映出功能要求，还彰显着对速度与力量的追求，对崇高精神的向往。

考虑到较开放的设计有助于增加赛事的气氛，雨篷覆盖超过 80% 的观众席，在体育场南端留有开口，将场外景观引导到场内，保持场内外的视觉联系，场外的观众亦能分享到比赛的现场气氛，同时从空间上导向对面开放的水面，设计体现出创造性、标志性和完美性的有机结合。

天水市体育中心

建设地点：甘肃省天水市麦积区二十里铺羲皇大道
设计时间：2012 年
用地面积：261 500 m^2
建筑面积：88 700 m^2
主体建筑高度：38 m

放射状轴线联通圆形广场，组成富有秩序与层次感的“阳性”脉络。轴线两侧分列体育馆、游泳馆，运动员公寓，并围绕中央广场呈放射状布局。轴线底景为体育场，其西侧布置运动学校

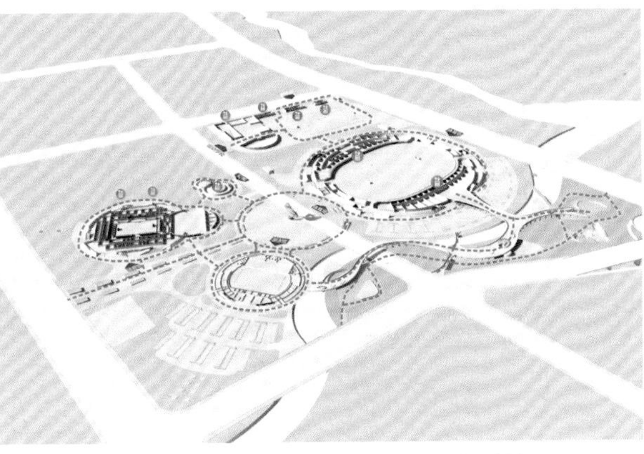

不同人员流线布置顺畅，满足可达性与便捷性

机动车出入口可便捷联系地上停车场及地下车库，减少对场地内部人行流线的干扰，提供满足日常使用与竞赛需求的充足停车空间

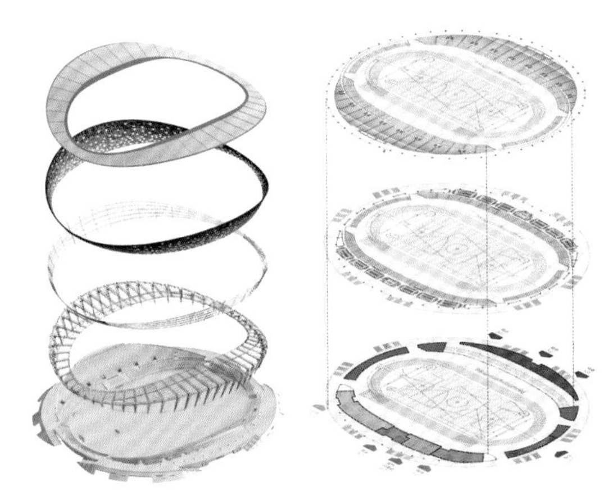

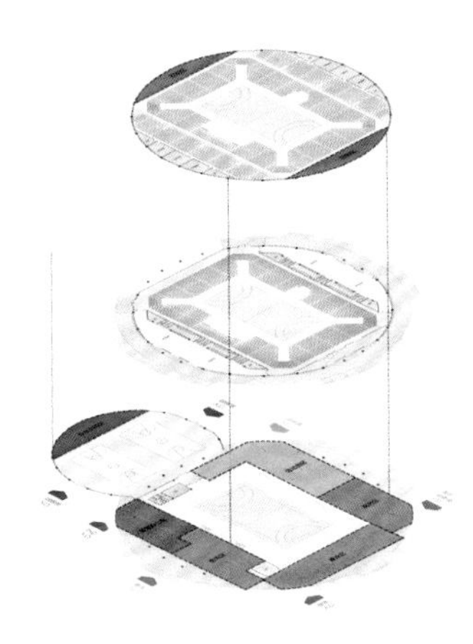

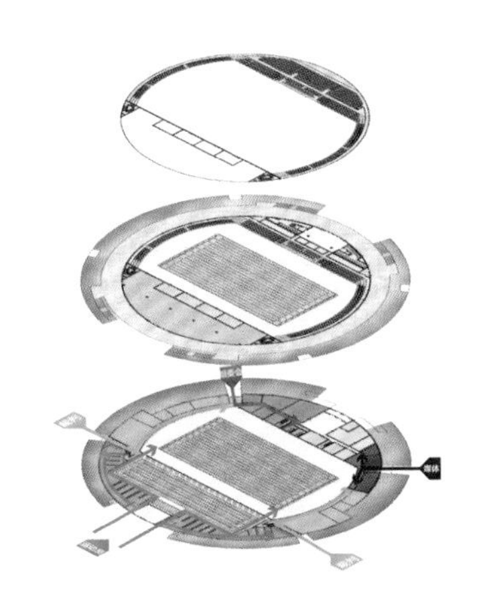

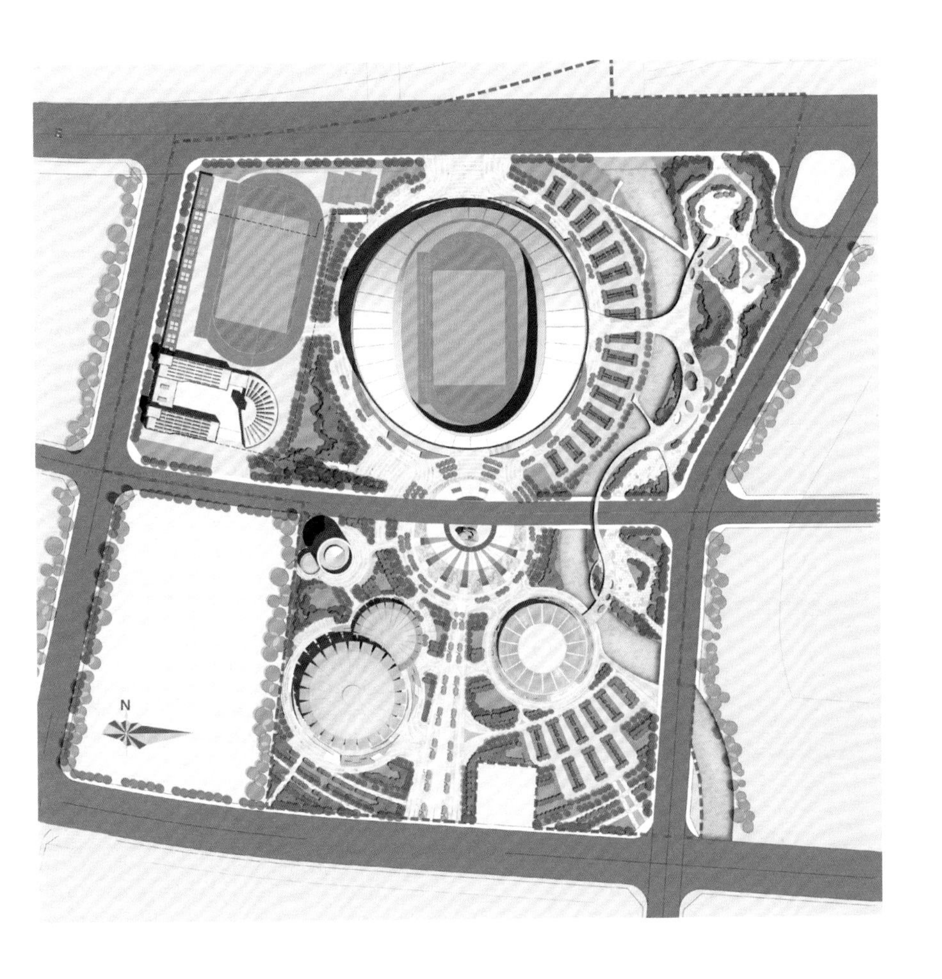

项目概况

天水市是甘肃省第二大城市，丝绸之路的重要节点，历史文化深厚，是华夏文明的发源地。体育中心位于带状城市的中心地段，成为联系东西城区的重要纽带。

项目包括 20 000 席体育场、5 000 席体育馆加训练馆、1 500 席游泳馆、可容纳 500 名学生的体育运动学校内部设置射击馆、150 人的运动员宿舍以及结合场地规划一块体育运动公园。

设计构思

天水被誉为“羲皇故里”。项目设计借鉴星辰运行的形态，将主体建筑设计为饱满的圆形，它们在各自的轨道上，组成一幅虚拟的天象图景，表达人类对于“天”的解读与崇敬，将人类建造物与自然公园统一为有机整体。体育中心将连接自然与人文，承接历史与现代，形成富有独特地域魅力的城市强磁场。

场馆设计上借鉴彩陶制品的形态。建筑像大大小小的圆形器皿散布于山谷之中，面对星空。一幅宏大的“祭天”场景，表达“敬天”的内涵。

体育场

体育场简洁完整，富有韵律的天际线，在城市界面舒缓展开，成为标志性城市街景。

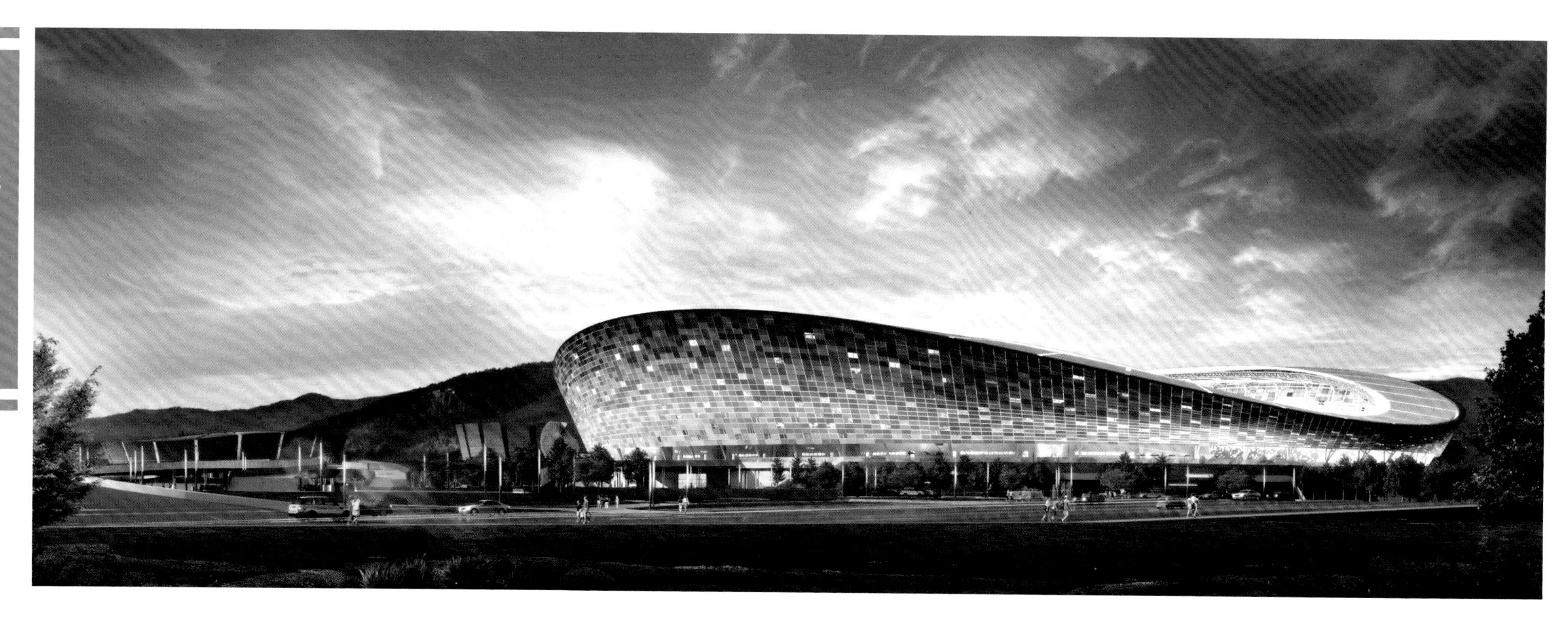

场馆为圆形，减少南北看台，为城市干道界面创造适宜的缓冲空间，减小建筑对城市街道的压迫感。内场 2 万席看台，对运动场形成强烈的包裹感，营造出剧场般优质的观赛体验。建筑随看台自然起伏，使运动场得到充分的光照和适宜的通风。体育场罩棚连接看台呈“之”字形支撑悬挑结构，简洁飘逸，与建筑完美融合。

体育馆

体育馆从城市主路到内部广场，拥有完整统一的形态，满足体操、篮排手球竞技及会展演出的功能要求。体育馆地上 3 层。屋盖采用预应力张弦穹顶结构体系，既彰显结构美感，又节省了用钢量。

游泳馆

游泳馆外形富有动感，临近运动公园与水系，融入自然景观之中。场内分三侧布置座席，满足游泳、水球、花样游泳等竞技需求。游泳馆地上 3 层。

屋面采用不规则坡状造型，由观众席一侧缓缓降低。热身池与比赛泳池在空间上分离，与游泳俱乐部结合设置，满足各自空间高度要求。减少室内无用空间，降低建筑运行能耗。

湖北省黄石奥林匹克体育中心

建设地点：湖北省黄石市大冶湖生态新区规划片区
设计时间：2015 年
用地面积：579 700 m^2
建筑面积：316 000 m^2
主体建筑高度：42 m

体育场流线分析

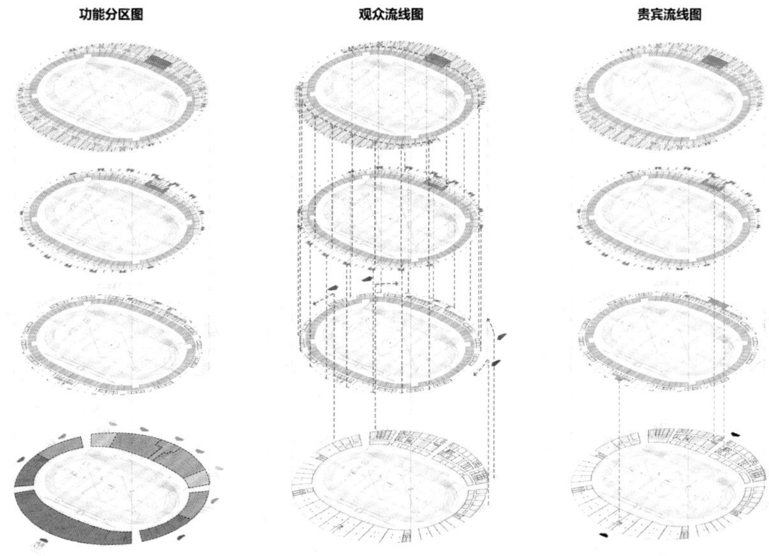

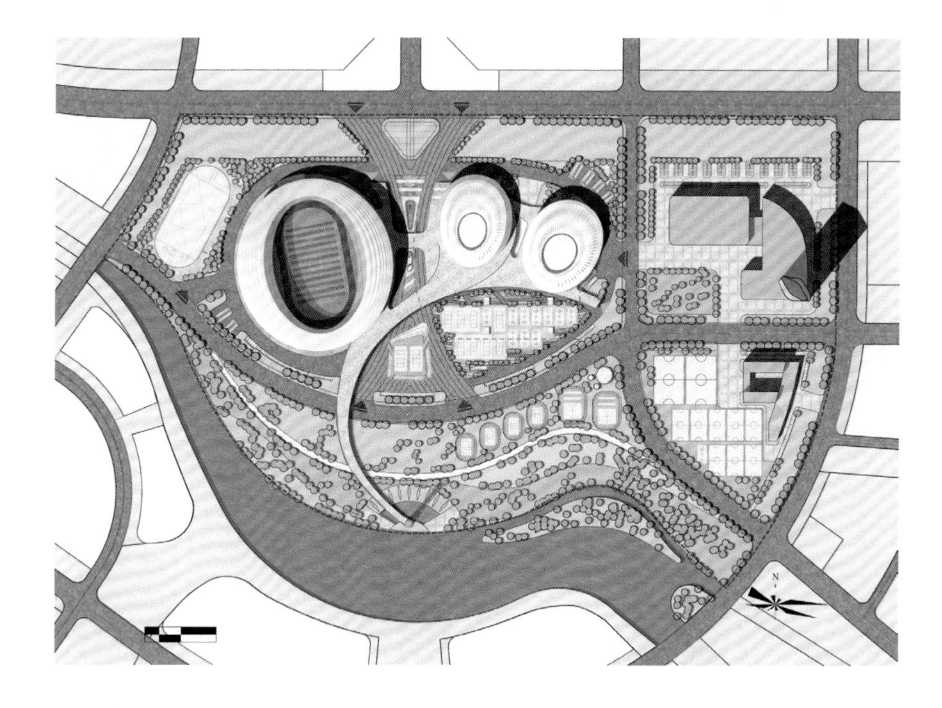

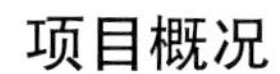

项目概况

环大冶湖生态新区概念规划“一心八片，湖城相融”

作为湖北省黄石市大冶湖生态新区东区的中央核心活力区，黄石奥体中心将作为活力核心带动周边体育培训、运动休闲等相关产业，并结合企业服务、生态住区等功能，共同打造成为大冶湖生态新区的健康活力核心。

项目一期建筑面积 149 000 m^2，其中体育场建筑面积 44 000 m^2，3 万席；游泳馆建筑面积 14 500 m^2，1 500 座席；全民健身馆建筑面积 20 500 m^2；体育运动公园集中设置了 11 人足球训练场 1 片；7 人、5 人足球训练场共 10 片；篮球场 10~12 片；排球、门球、地掷球等其他户外练习场。二期建筑面积 167 000 m^2，其中体育学校建筑面积 14 000 m^2、商业开发建筑面积 70 000 m^2、体育宾馆建筑面积 83 000 m^2。

黄石奥体中心的“一场两馆”犹如凤凰上的三片“凤翎”散落在基地上，并与景观主轴形成向心关系，建筑通过流线型的立面肌理和红色与银色的对比模仿“凤翎”的质感与色彩。基地内架空设置的“凤桥”将“一场两馆”紧密地联系起来，形成了一条空中的人行步道，将观赛人流与休闲人流进行立体分流。同时，“凤桥”向南跨街与生态绿地相连，并以景观主轴上的盘旋而上的“凤塔”作为平台的终点。

单体功能

体育场选用马鞍形布局，二层观众席东西两侧座位更集中，观赛视距更佳。建筑与结构一体化设计，结构形式经济合理。体育场罩棚简洁飘逸，内圈为玻璃，可以有效过渡罩棚的阴影对比赛的不利影响。

游泳馆设置 50 m × 25 m 比赛池与 50 m × 20 m 练习池，满足游泳、水球、花样游泳等竞技需求，观众座席设置 1 500 座。

全民健身馆首层设置拳击、跆拳道、柔道等训练馆，二层设置 3 片篮球场地、9 片羽毛球场地、16 片乒乓球场地，满足健身和训练的同时，还能满足国家乒乓球训练基地的训练要求。

SWAROVSKI
FENDI

校园体育场馆

CAMPUS STADIUM AND GYMNASIUM

建设在校园内的体育场馆
是体育建筑领域独特的分支
不仅具有体育教学特点和定位
而且还与服务社会
促进全民体育健身运动发展紧密结合
同时，大型体育场馆在设计之初的定位
就考虑到满足国内单项甲级比赛的需求
在满足学校自身大型体育赛事需求的同时
宽大的场馆空间还可承办一些单项的体育比赛
天津财经大学综合体育馆天津城建大学体育馆
就分别承担了第十三届全运会的篮球和排球赛事

TADI

天津财经大学综合体育馆

建设地点：天津财经大学校园东南角，艺林路与泗水道交口
设计 / 竣工时间 : 2014 年 / 2017 年
用地面积：19 850 m^2
建筑面积：15 000 m^2
主体建筑高度：23.9 m
观众席：4 000 座

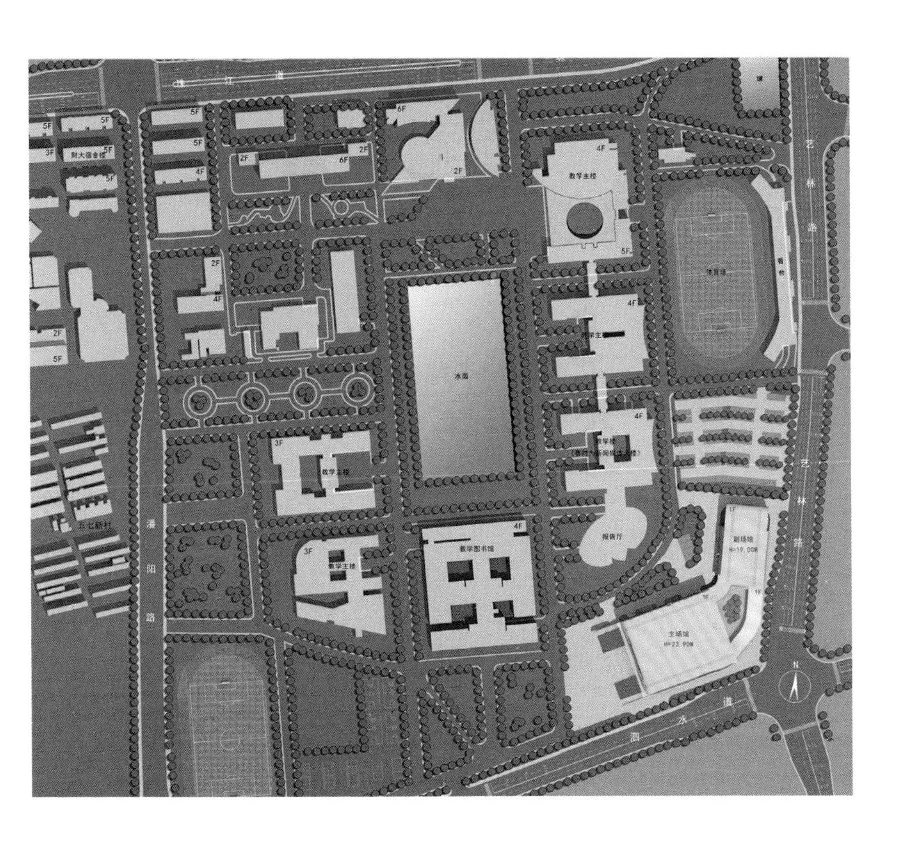

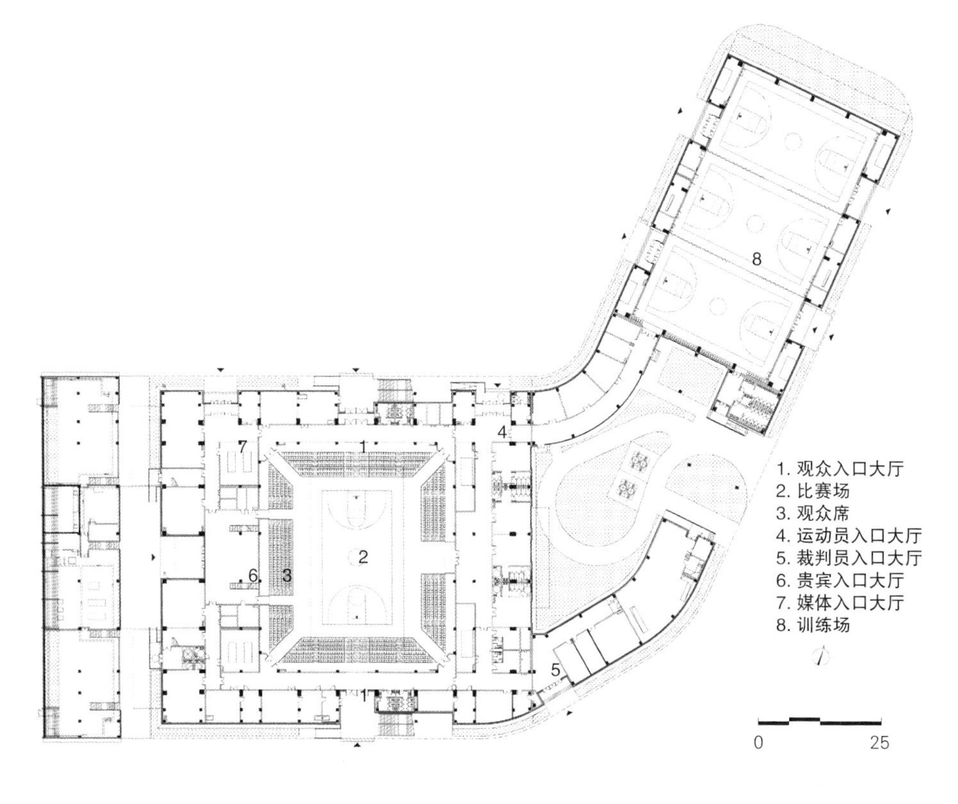

项目概况

天津财经大学综合体育馆包括一座比赛馆和一个训练馆，两个场馆通过内庭院围合在一起。体育馆于 2017 年承办了第十三届全运会女篮比赛。

比赛馆场地长 44 m、宽 38 m，建筑面积 11 000 m^2，主体建筑高度 23.9 m 。首层分为比赛场地和辅助用房两个功能分区。比赛场地可满足手球、网球、篮球、排球、羽毛球、乒乓球、体操等项目的比赛要求，还可兼做大型会议、中型文艺演出和群众性体育活动场馆。

训练馆场地长 58 m、宽 33 m，建筑面积 4 000 m^2，建筑高度 19 m。赛时作为赛前热身训练场地，平时可举办学校体育教学、教职工和学生课余活动，同时为社会体育活动的开展提供便利。

造型设计

结合校园文化轴线及与周边的城市道路的关系，并且融入“书”的造型，最终形成既有体育建筑张弛感，还有文化内涵的形式，寓意着知识创造财富，财富是财经的核心。

建筑外立面采用干挂石材装饰幕墙、玻璃幕墙和金属幕墙，屋面采用铝镁锰金属屋面板。不管是从校园内部还是从城市道路看都具有简洁大气、富有现代感的形象。

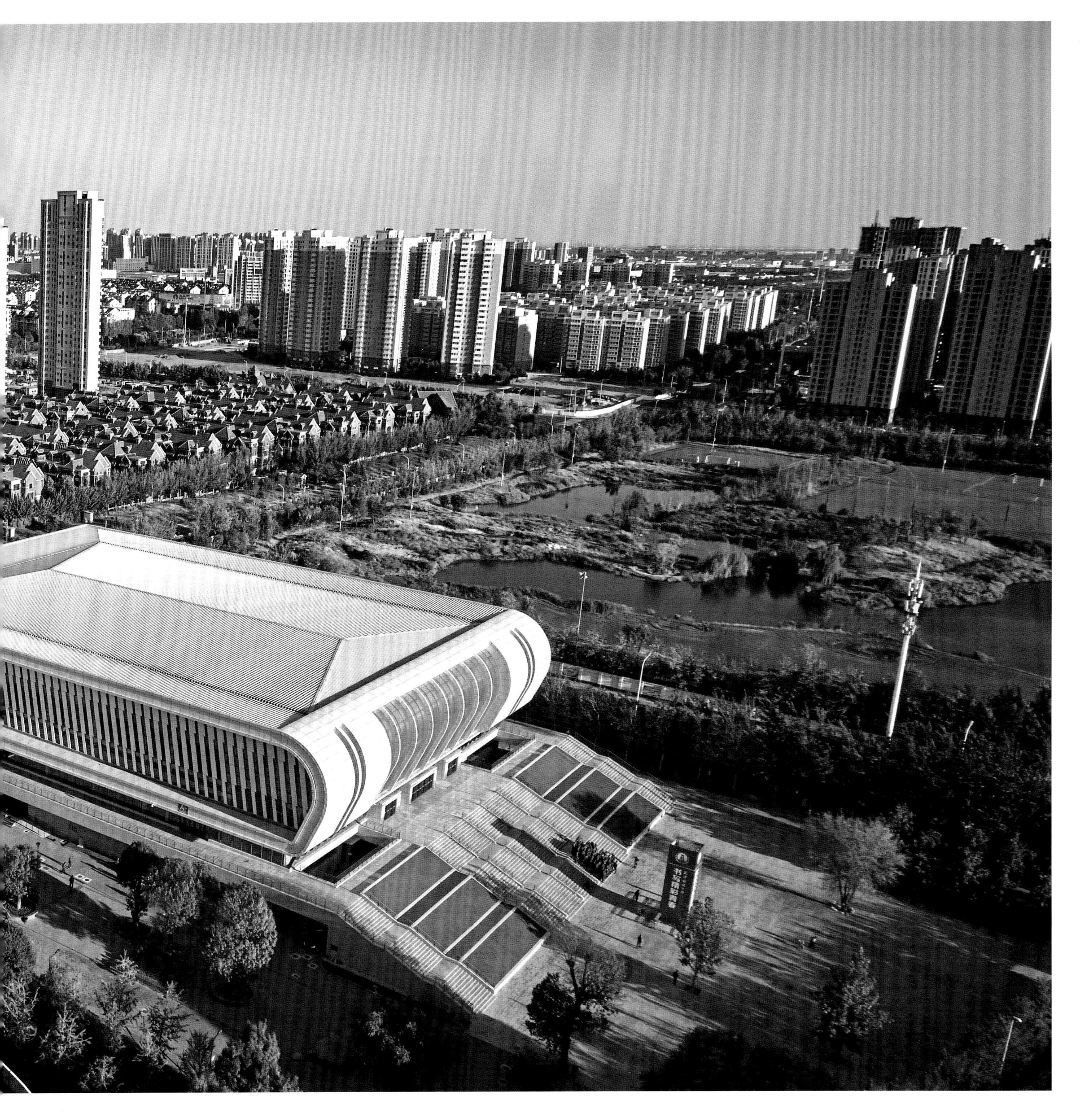

中华人民共和国第十三届运动会"乔丹杯"女子青年组篮球比赛
中华人民共和国第十三届运动会
TIANJIN2017
中环
ZHONGHUAN
乔丹
东风日产
渤海财险
城投置地
China Mobile
4G+

全运惠民

新闻媒体通道

天津城建大学体育馆

建设地点：天津市西青区津静路天津城建大学西北角
设计 / 竣工时间：2015 年 / 2017 年
用地面积：17 000 m^2
建筑面积：14 800 m^2
主体建筑高度：24 m
观众席：4 500 座

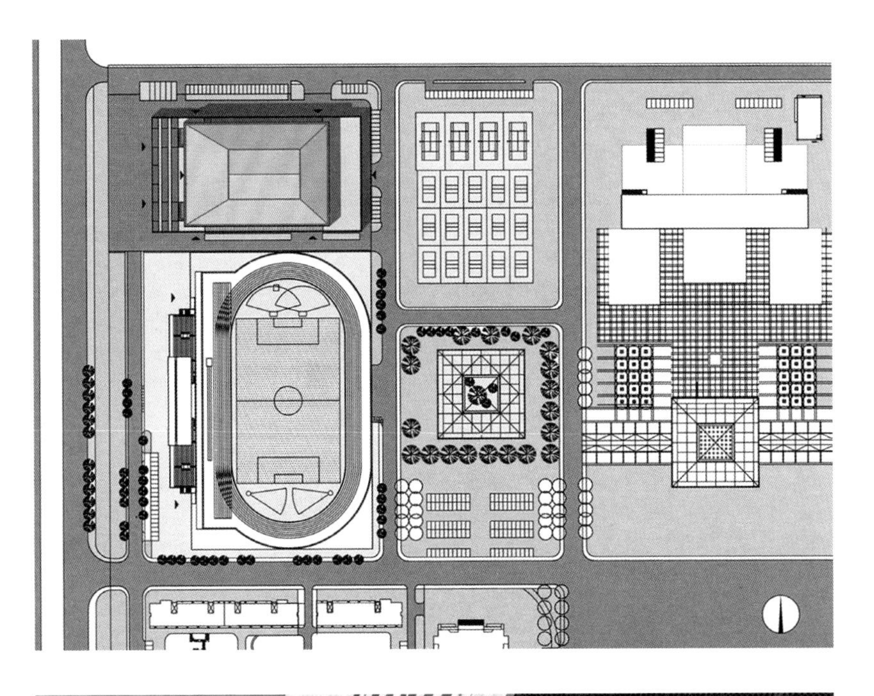

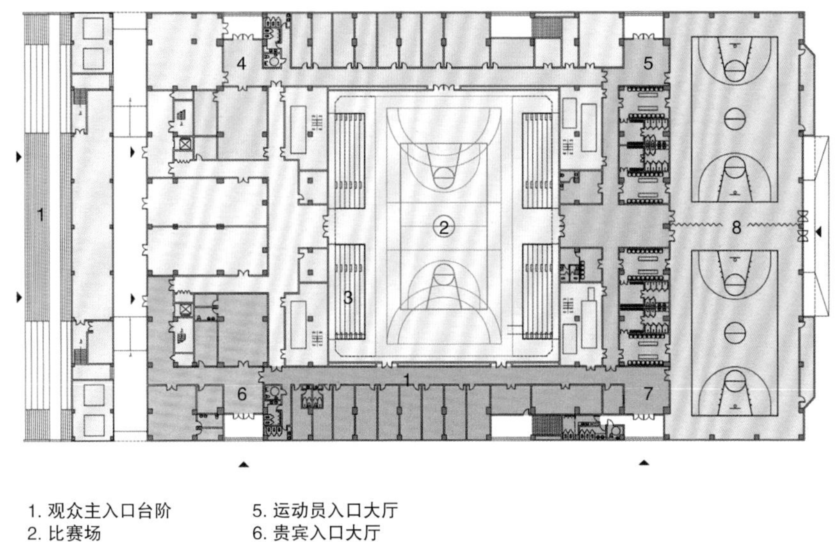

1. 观众主入口台阶
2. 比赛场
3. 观众席
4. 媒体入口大厅
5. 运动员入口大厅
6. 贵宾入口大厅
7. 技术官员入口大厅
8. 训练馆

0 5 10 20

项目概况

天津城建大学体育馆为一座甲级综合体育馆，主要包含主馆和训练馆。体育馆以既面向学校，又面向社会为目标打造。2017 年承办第十三届全运会武术、散打赛事。

建筑意向

建筑契合基地地形设计为规整、大气的矩形体量，给人以力量感，又结合肌理造型塑造出跃升的动感，两者完美结合使之成为具有雕塑感的标志性建筑。项目贯穿集散、广场和绿化平台的理念，尽量把空间开放，大台阶通过绿化坡道到达绿化屋顶，主场馆放置在舒缓的人工坡地上，造型舒展、材质通透，体育馆在坡形绿化的烘托下更显轻盈。

场地多功能布置

观众席呈正方的八角形，沿场地长边设置两层看台，对于比赛场地有较好的包裹感，更兼顾观众席的视线。 主馆设有 44 m × 38 m 的核心比赛场地，净高 18.4 m，最大可容纳手球比赛，同时可布置为武术场地、散打场地、篮球场、羽毛球场、排球场、网球场。训练馆设有 22 m × 70 m 的训练场地，净高 10 m。可容纳篮球场、羽毛球场、排球场。

赛后利用平面布局

主赛场可举办 3 500 席文艺演出，并可举办学校 4 400 人年级集会。

绿建措施

设置地源热泵；训练馆屋顶做太阳能集热板，为场馆及办公区域提供生活热水；室外地面尽量选用透水材质。道路选择透水沥青，停车位选择植草砖，人行步道采用透水铺装；结合屋顶造型设置光导管集光器，为比赛场地提供照明；建筑内部采用节能光源，有效节省电能、用水。

天津医科大学体育中心

建设地点：天津市和平区气象台路天津医科大学校园内
设计 / 竣工时间 :2003 年 / 2006 年
用地面积：8 100 m^2
建筑面积：15 220 m^2
主体建筑高度：24 m
观众席：1 800 座

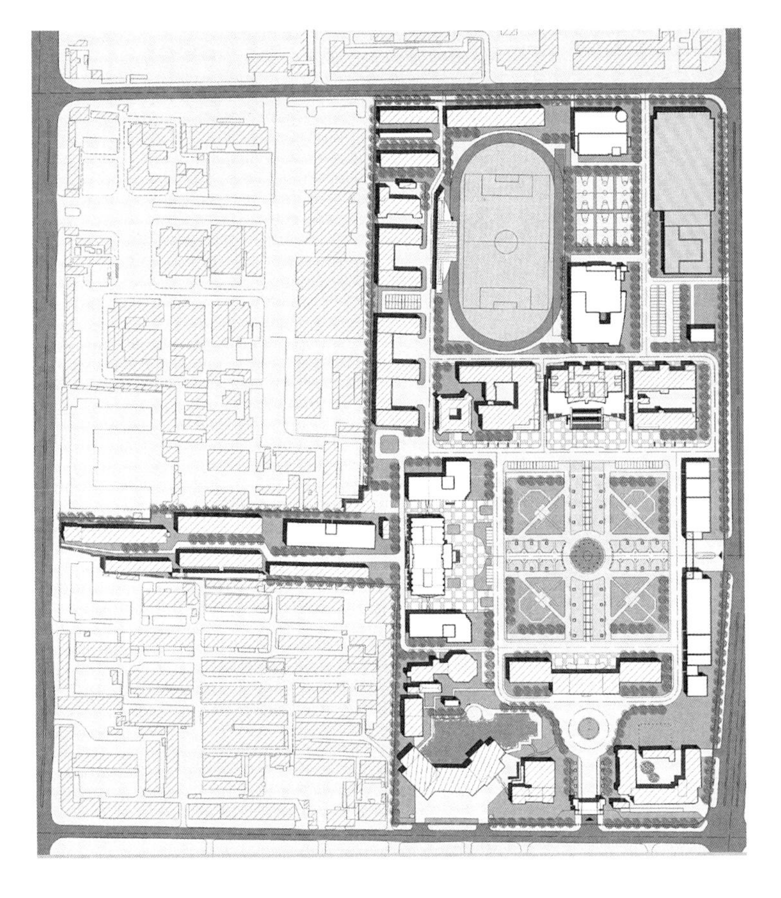

项目概况

天津医科大学体育中心分为南北两部分，北侧为体育馆和游泳馆，南侧为科技交流中心。体育中心包括上下两部分，下部分为游泳馆，上部分为体育馆。体育馆内标准球类场地满足举办比赛要求，主体结构采用两层大跨度桁架结构。体育中心用地紧张，功能复杂多样，不同于一般体育建筑，其多功能性和综合性是该建筑最大的特色，结构体系具有独创性。立面设计力求简洁、明快，体现天津医科大学校区的认知性、标志性和文化性，立面造型主要以竖向线条进行划分，用面砖、铝板、幕墙几种材料和形式将不同的功能区相互统一，强化整体感和现代感。

天津师范大学体育场

建设地点：天津市西青区宾水西道天津师范大学校园西南校区
设计 / 竣工时间：2007 年 / 2009 年
用地面积：36 300 m^2
建筑面积：3 847 m^2
主体建筑高度：15.84 m
观众席：5 000 座

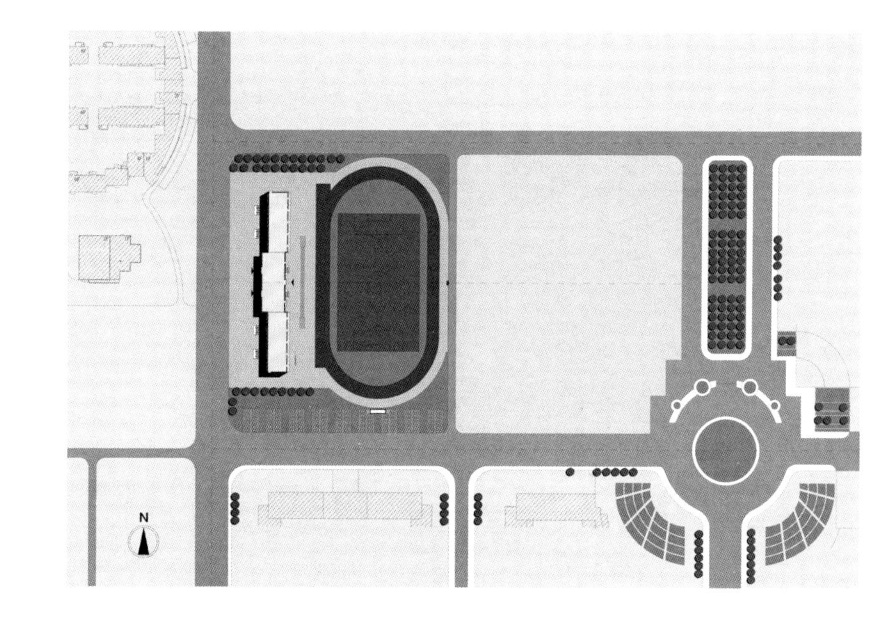

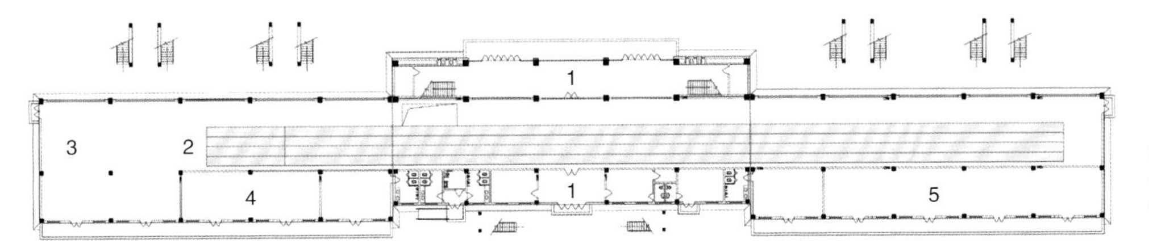

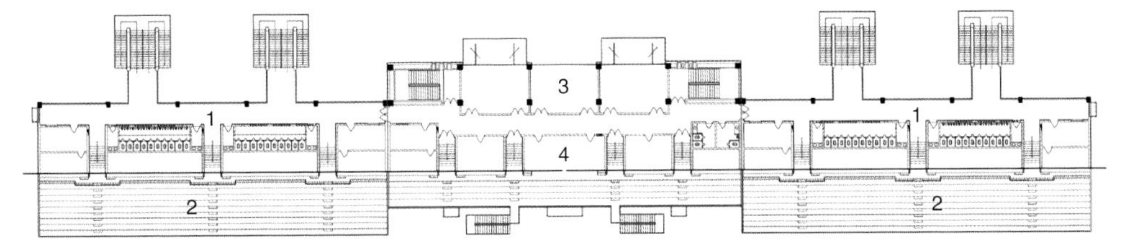

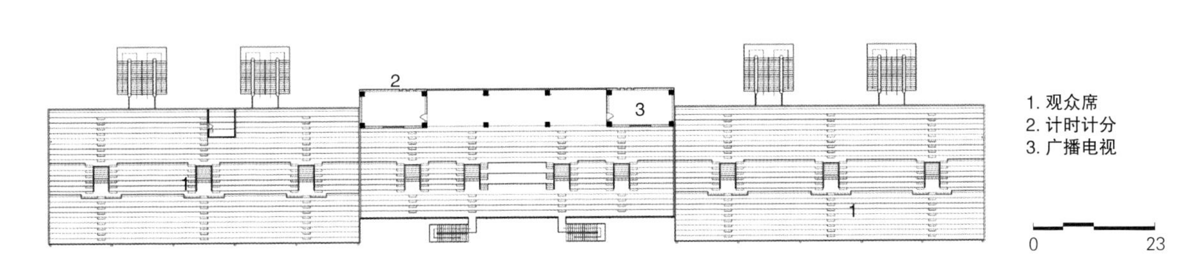

项目概况

天津师范大学体育场建筑主体 2 层，局部 3 层，框架结构，中部看台设有遮阳棚，遮阳棚采用悬挑 12 m 钢梁膜材屋面。室外场地为 400 m 标准跑道，跑道内为标准足球场。

为高效使用看台下部空间，采取集中单面设看台的方案。一层设有 4 道长 137 m 室内田径跑廊和投掷区、身体训练房及比赛使用的裁判、运动员休息室、卫生间；二层设贵宾休息室、会议室及观众卫生间；三层设扩声机房和灯光控制室。看台在跑道终点处设有激光测距、快速摄像用的机房。

建筑形态简洁大气、轻快明朗、技术先进，具有学校体育建筑特点。

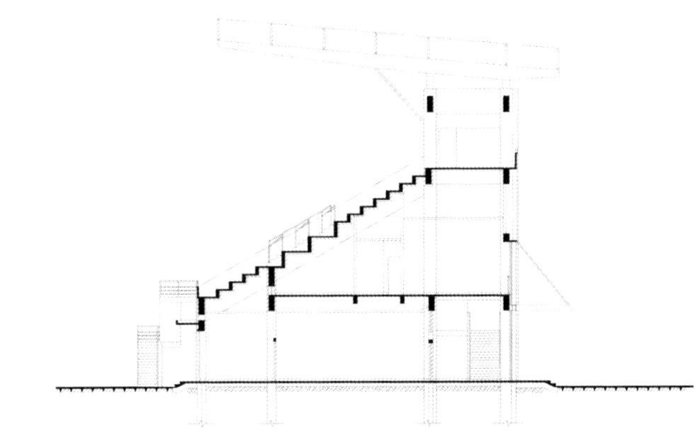

天津外国语大学综合体育馆

建设地点：天津市河西区马场道天津外国语大学校园的东南角

设计 / 竣工时间： 2009 年 / 2011 年

用地面积：72 000 m^2

建筑面积：11 248 m^2

主体建筑高度：23.94 m

观众席：3 000 座

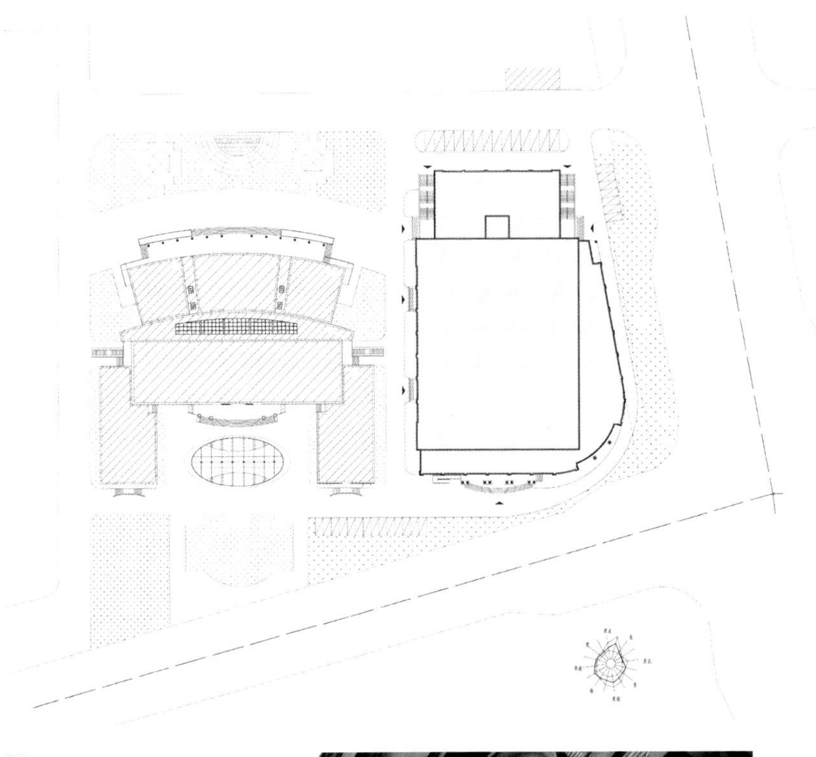

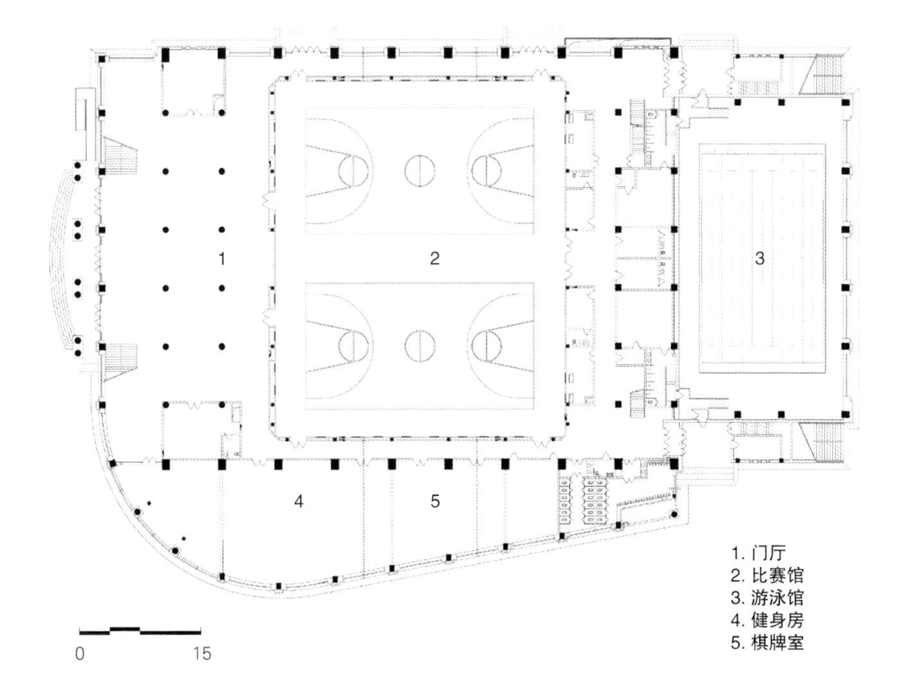

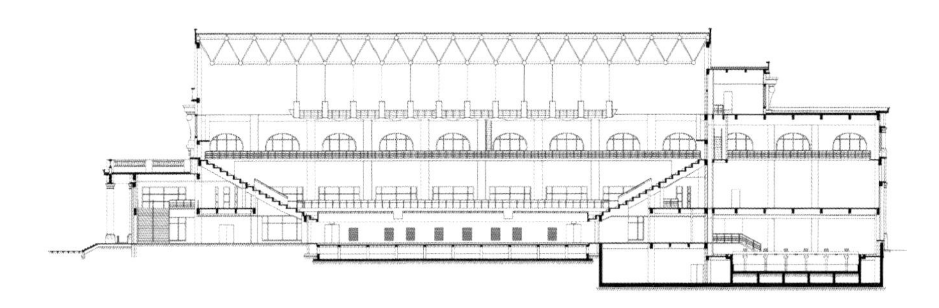

项目概况

天津外国语大学综合体育馆是一座综合性体育馆，除满足比赛功能外，可兼做会议和文艺演出使用。体育馆内设置小型游泳馆和网球馆供训练使用，网球馆兼做比赛前热身场地，同时设有健身房、棋牌室等活动用房。比赛馆观众席设计固定座席与活动看台，能最大限度地为学生提供体育活动空间，可满足 2 个篮球场或 3 个排球场或 6 个羽毛球场训练使用。体育馆在保证学生使用之余，全部对社会开放，成为大众强身健体的场所，陆续承接了 2012 年全国大学生运动会的排球比赛、2013 年第六届东亚运动会的击剑比赛等多项赛事，充分体现出校园体育建筑价值。

天津外国语大学位于天津五大道历史建筑风貌保护区，拥有重点保护的历史建筑群。体育馆设计方案经过综合分析比较，采取了折中主义方法。在风格上保持历史文脉的延续性，在严格历史建筑形制与比例的基础上，本着“删繁去奢”的简约手法进行细部表达。将檐墙上部大面积开窗，采用了连续拱形窗，既有历史建筑元素又具时代气息，下部采用壁柱和通高窗，大面积实山墙中间以简化巴洛克式窗做符号点缀，在色彩和材质上与校园已有建筑相统一，成功地融入了整个校园风格。

50 m 跨度体育馆采用了双层网壳，比一般钢网架节省用钢量 15%；游泳池 21 m 跨度楼板梁采用混凝土预应力结构，有效地节省层高；屋顶保温和墙体保温设计上采取与建筑声学合二为一的处理手法，有效节省工程造价。

天津市第二南开中学体育馆

建设地点：天津市和平区荣安大街天津市第二南开中学校园内
设计 / 竣工时间：1999 年 / 2001 年
用地面积：44 786 m^2
建筑面积：4 300 m^2
主体建筑高度：18.8 m

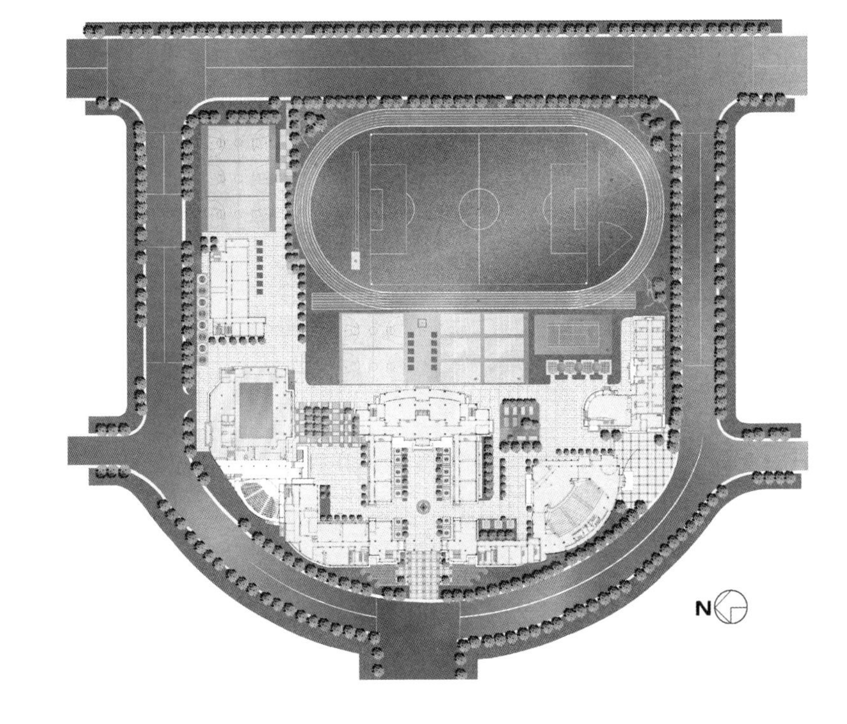

项目概况

由赵朴初先生题写校名的天津市第二南开中学，是一所面向 21 世纪的现代化全国示范性高级中学。校园采用院落式整体布局的模式，缩短了各功能区联系的距离，简化了管理区域，营造出严谨、积极的院落空间。天津市第二南开中学体育馆为集健身、游泳、球类活动于一身的多功能体育馆。首层设置 25 m×15 m 游泳池与阶梯教室，二层设置篮球场，三层设置乒乓球室。内墙处理采用舒布洛克吸音砌块墙面，既满足场馆的吸音要求，又营造出良好的室内视觉效果。体育馆屋顶采用幕形钢筋混凝土结构体系，与球类比赛要求的结构空间形式完美结合，创造出新奇的空间效果。

天津实验中学体育馆

建设地点：天津市河西区平山道天津实验中学内
设计 / 竣工时间：1998 年 / 2010 年
用地面积：4 550 m^2
建筑面积：12 066 m^2
主体建筑高度：21.5 m

项目概况

天津市实验中学是一所具有 90 余年历史的老校。1998 年率先进行示范校建设，至今已形成占地约 7 000 m^2、总建筑面积 80 000 m^2 的规模。实验中学设有 10 000 m^2 室外田径场，还设有篮球场和足球场。体育艺术中心楼地下一层为学生自行车库，一层为室内田径塑胶跑廊，二层为体育、艺术专用教室，三层为篮球场，部分场馆面向社会公众开放。

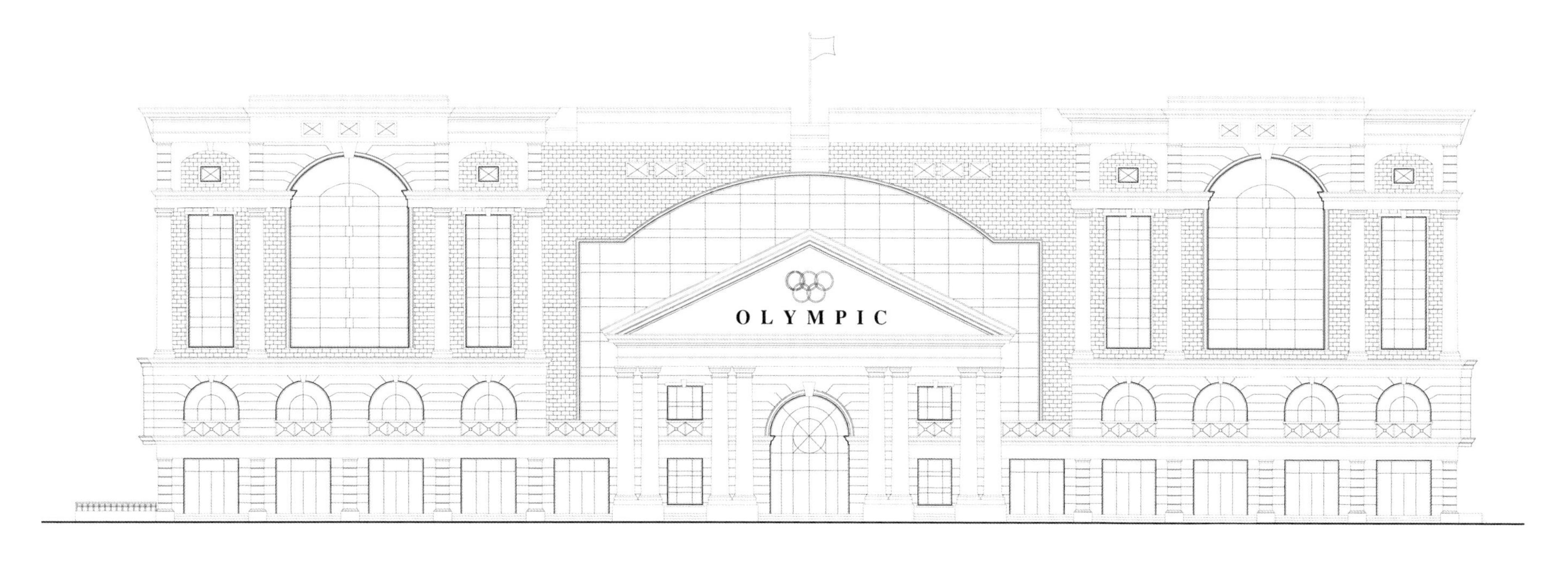

天津市南开中学体育馆

建设地点：天津市南开区四马路天津市南开中学南校区内
设计 / 竣工时间：2002 年 / 2004 年
用地面积：43 450 m^2
建筑面积：12 700 m^2
主体建筑高度：20.7 m

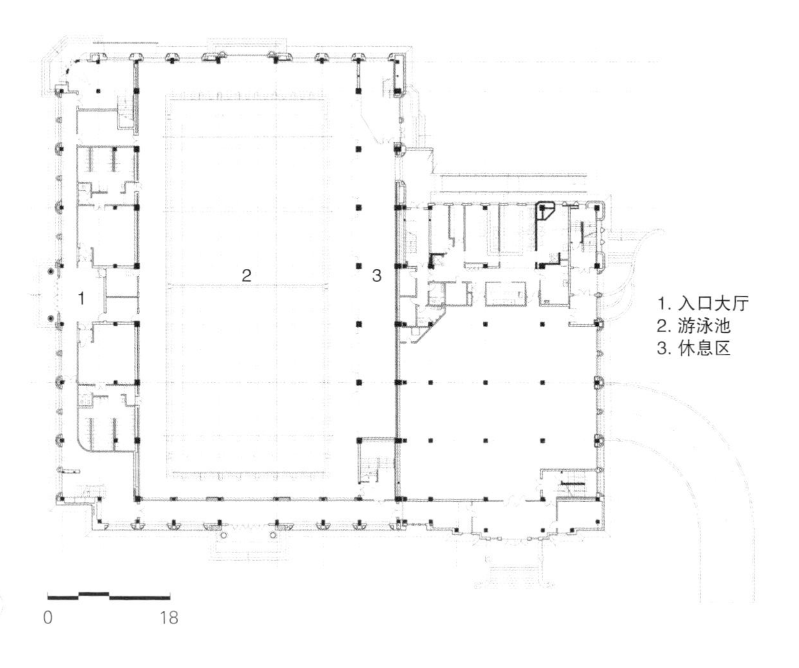

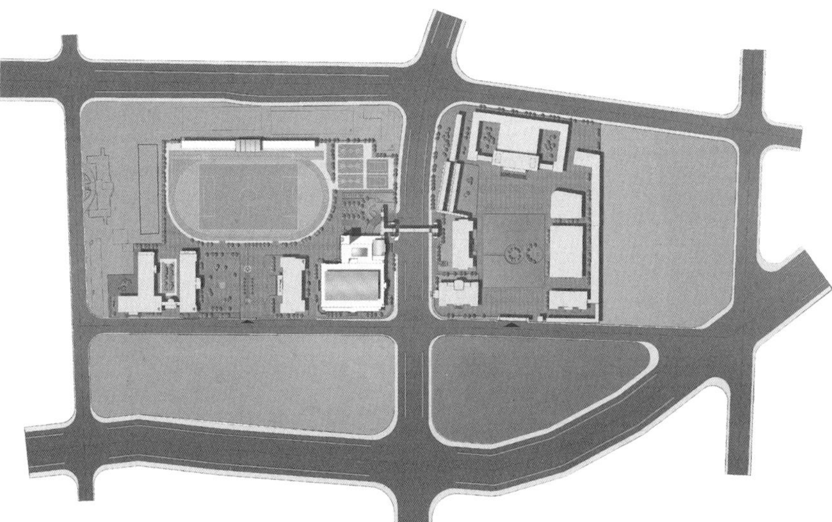

项目概况

天津市南开中学由著名爱国教育家严修和张伯苓 1904 年创办。校园古朴典雅，设施齐全，新老建筑交相辉映，景观独特。南开中学体育馆共 2 层，主要包括游泳馆、篮球馆、羽毛球馆及网球馆，同时结合 400 m 运动场设置看台。

天津市 43 中示范校体育馆

建设地点：天津市南开区鞍山西道天津市 43 中示范校内
设计 / 竣工时间：2001 年 / 2002 年
用地面积：82 700 m^2
建筑面积：6 240 m^2
主体建筑高度：21.4 m

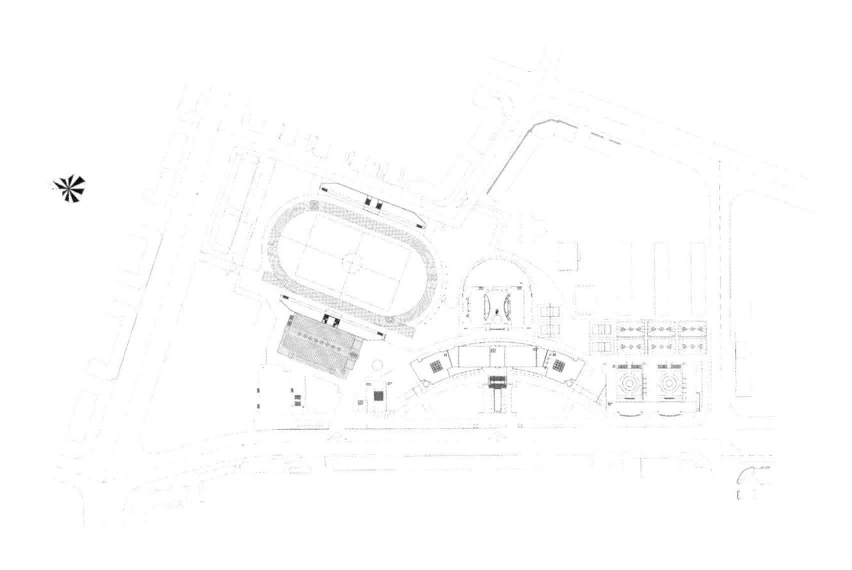

项目概况

43 中是一所寄宿制 60 班示范高中校，可同时容纳 3 000 名学生。体育馆首层为游泳馆，设有 8 道 50 m×25 m 游泳池，可承接正式游泳比赛，二层为篮球馆、排球馆。除主体建筑外，还建有国际标准的足球场地，有 400 m 跑道 9 道以及竞技体育比赛场地。另外还有 6 片篮球场、2 片排球场、1 片网球场。建筑造型简洁、朴素、大方，建筑群体错落有致，空间变化丰富，体现了时代气息及新世纪的学校风貌。

天津市新华中学体育中心

建设地点：天津市河西区马场道天津市新华中学校园内
设计 / 竣工时间：2002 年 / 2003 年
用地面积：27 400 m^2
建筑面积：3 800 m^2
主体建筑高度：20.6 m

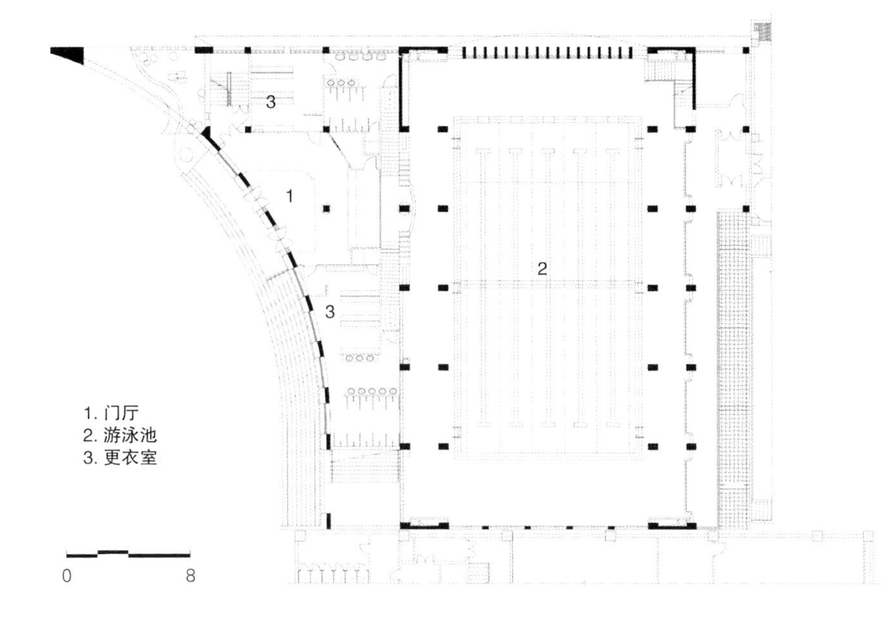

项目概况

新华中学位于古朴典雅的天津五大道历史风貌保护区。校园建筑群坐落在马场道九龙路和浦口道，另一侧广东路为开阔的体育运动场。体育中心与实验楼、图书馆、大礼堂布置在新老教学楼的结合部，通过高架平台和连廊相互沟通，连为一体。体育中心首层为半地下游泳池，通过坡道和两侧的落地窗与内庭院及室外绿化相呼应。

天津市杨村第一中学体育馆

建设地点：天津市武清新城南东路杨村一中新校区内
设计 / 竣工时间：2010 年 / 2012 年
用地面积：237 047 m^2
建筑面积：7 500 m^2
主体建筑高度：24 m

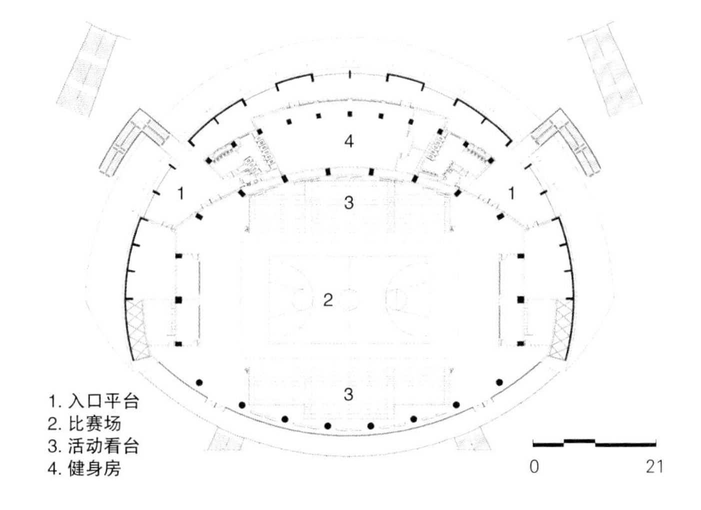

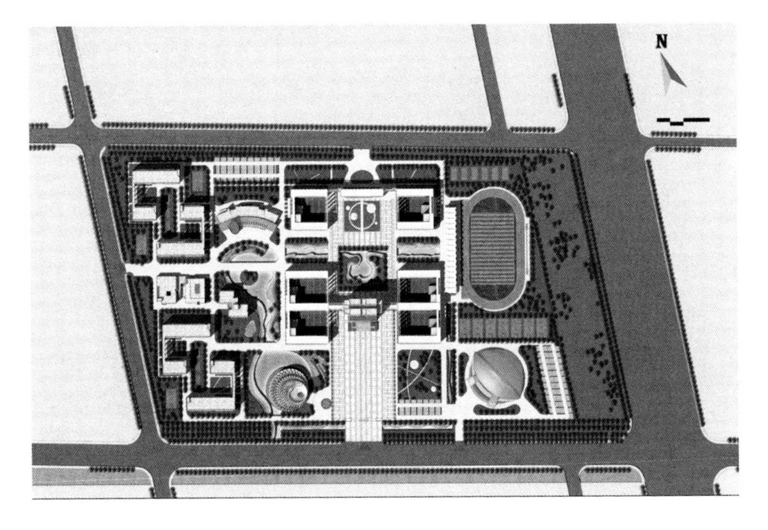

项目概况

天津市杨村第一中学体育区位于教学区东侧，体育区包含体育馆、游泳馆、体育场看台、400 m 标准跑道足球场、篮球场和排球场等。体育馆与北侧图书馆分置于主教学区前端两侧，遥相呼应，开放前广场空间，便于平时对外开放，为以馆养馆的经济性提供了可能。

空间设计

体育馆的使用功能设有游泳馆及篮球馆两部分，彼此独立，为满足使用需要，将两部分功能分为上下两层独立出口分散设置。首层游泳馆设有一座 50 m×25 m 标准泳池，水深及附属设施可以满足一般教学和比赛需求；二层篮球馆具备篮球、排球、手球、体操教学和比赛要求，设有可容纳 1 500 席的活动看台。

利用建筑造型设置半室外空间、室外平台等灰空间，有效利用建筑面积。同时球形造型能很好地满足使用需要，易于结构荷载布置，有效地解决大空间的建筑体量问题，构造出和谐的建筑尺度。

型体设计

体育馆整体为对称式布局，为半球切割体。整体造型舒展、精致。斜面切割的球体指向性强，有效突出建筑入口，同时突出了整个校园的入口广场；球体的韵律切割更加切合体育运动的精准、严谨特征。

球体造型与斜面切割为不同材质的结合构建了大框架，穿孔铝板与玻璃幕墙的配合让建筑更显灵巧；加上层叠的覆盖体，弱化厚重感，增加建筑趣味，让建筑更显轻盈。

天津市南开中学滨海生态城学校体育馆

建设地点：天津市滨海新区南开中学滨海生态城学校内
设计 / 竣工时间：2011 年 / 2016 年
用地面积：14 260 m^2
建筑面积：18 901 m^2
主体建筑高度：19.2 m
体育场观众席：3 000 座

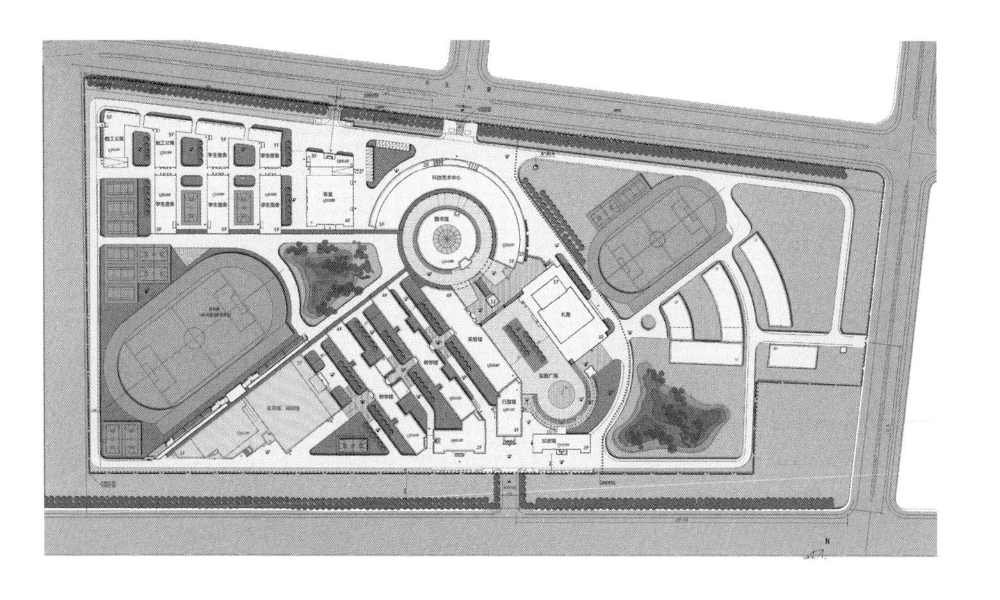

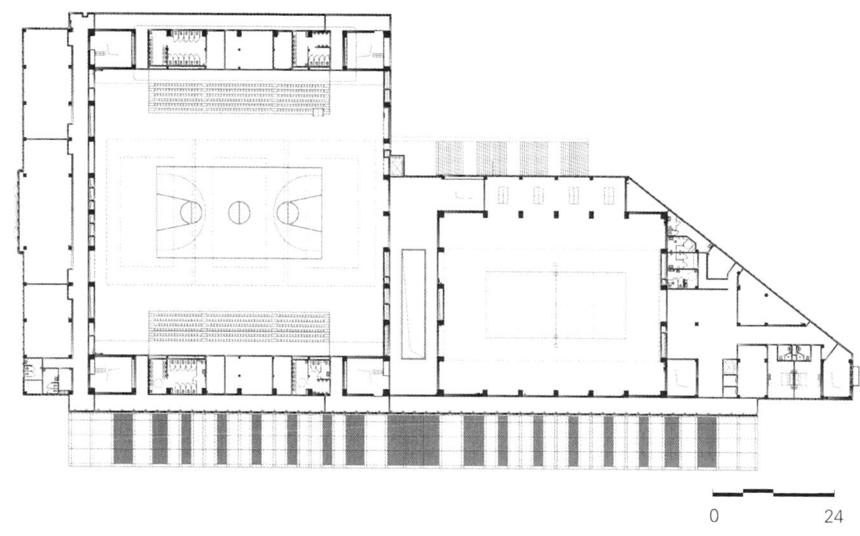

项目概况

南开中学滨海生态城学校体育馆主要功能包括设置 50 m × 25 m 泳道的游泳馆、篮球馆、羽毛球馆及网球馆，同时结合 400 m 运动场设置室外看台。

总体布局因地制宜，体量处理简洁大气，立面通过“大块大面”的手法，强调体育建筑的力量感，同时通过细节的刻画，使建筑富有人情味，更好地融入整个校园环境之中。

消火栓
FIREHYDRANT
灭火器

我院设计的举办第十三届全运会比赛项目的主要场馆

1 奥林匹克体育中心（开幕式，田径比赛）

2 团泊体育中心小轮车场

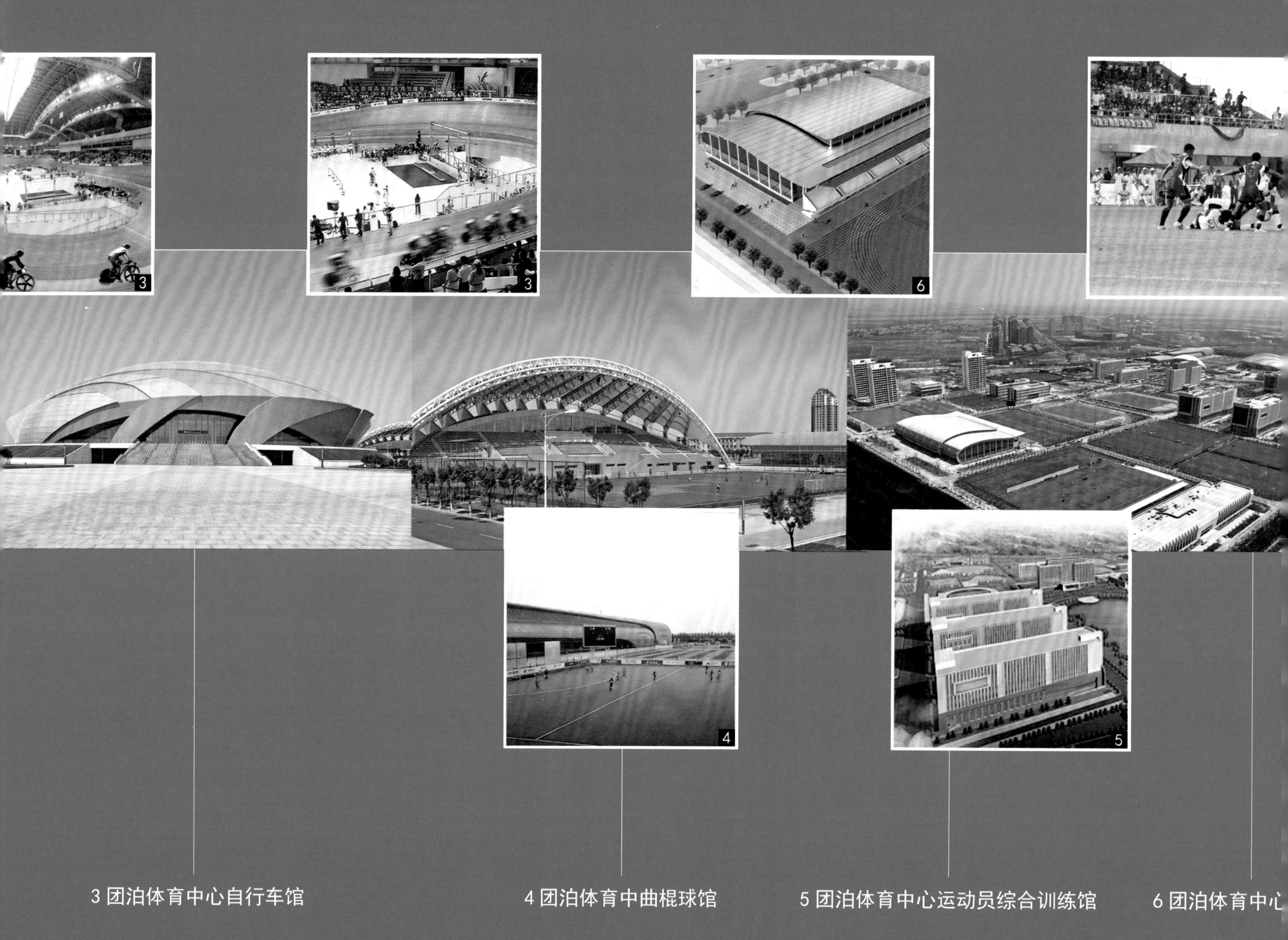

3 团泊体育中心自行车馆

4 团泊体育中曲棍球馆

5 团泊体育中心运动员综合训练馆

6 团泊体育中心

田径训练馆与橄榄球场

7 团泊体育中心棒垒球场

8 团泊体育中心射击馆

9 团泊体育中心射箭馆

10 城建大学体育馆（排球项目）

11 人民体育馆（排球项目）

12 财经大学体育馆（篮球项目）